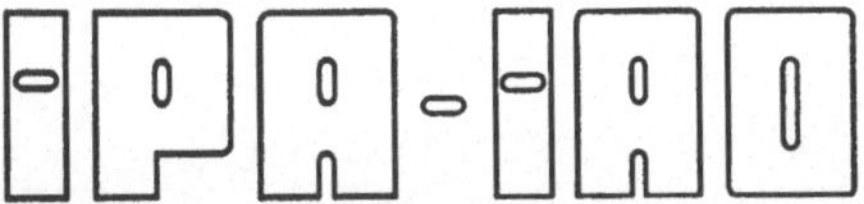

Forschung und Praxis

Band 282

Berichte aus dem
Fraunhofer-Institut für Produktionstechnik
und Automatisierung (IPA), Stuttgart,
Fraunhofer-Institut für Arbeitswirtschaft
und Organisation (IAO), Stuttgart,
Institut für Industrielle Fertigung und
Fabrikbetrieb der Universität Stuttgart und
Institut für Arbeitswissenschaft und
Technologiemanagement, Universität Stuttgart

Herausgeber: H. J. Warnecke, E. Westkämper
und H.-J. Bullinger

Springer

Berlin
Heidelberg
New York
Barcelona
Budapest
Hongkong
London
Mailand
Paris
Singapur
Tokio

Johann Dorner

Prüfverfahren zur Untersuchung der Partikelkontamination von Reinstgasversorgungskomponenten

Mit 79 Abbildungen

Springer

Dr.-Ing. Johann Dorner
Fraunhofer-Institut für Produktionstechnik und Automatisierung (IPA), Stuttgart

Prof. Dr.-Ing. Dr. h. c. mult. H. J. Warnecke
o. Professor an der Universität Stuttgart
Präsident der Fraunhofer-Gesellschaft, München

Prof. Dr.-Ing. Dr. h. c. E. Westkämper
o. Professor an der Universität Stuttgart
Fraunhofer-Institut für Produktionstechnik und Automatisierung (IPA), Stuttgart

Prof. Dr.-Ing. habil. Prof. e. h. Dr. h. c. H.-J. Bullinger
o. Professor an der Universität Stuttgart
Fraunhofer-Institut für Arbeitswirtschaft und Organisation (IAO), Stuttgart

D 93

ISBN-13: 978-3-540-65562-6 e-ISBN-13: 978-3-642-47970-0
DOI: 10.1007/978-3-642-47970-0

Gesamtherstellung: Copydruck GmbH, Heimsheim
SPIN 10713053 62/3020–5 4 3 2 1 0

Geleitwort der Herausgeber

Über den Erfolg und das Bestehen von Unternehmen in einer marktwirtschaftlichen Ordnung entscheidet letztendlich der Absatzmarkt. Das bedeutet, möglichst frühzeitig absatzmarktorientierte Anforderungen sowie deren Veränderungen zu erkennen und darauf zu reagieren.

Neue Technologien und Werkstoffe ermöglichen neue Produkte und eröffnen neue Märkte. Die neuen Produktions- und Informationstechnologien verwandeln signifikant und nachhaltig unsere industrielle Arbeitswelt. Politische und gesellschaftliche Veränderungen signalisieren und begleiten dabei einen Wertewandel, der auch in unseren Industriebetrieben deutlichen Niederschlag findet.

Die Aufgaben des Produktionsmanagements sind vielfältiger und anspruchsvoller geworden. Die Integration des europäischen Marktes, die Globalisierung vieler Industrien, die zunehmende Innovationsgeschwindigkeit, die Entwicklung zur Freizeitgesellschaft und die übergreifenden ökologischen und sozialen Probleme, zu deren Lösung die Wirtschaft ihren Beitrag leisten muß, erfordern von den Führungskräften erweiterte Perspektiven und Antworten, die über den Fokus traditionellen Produktionsmanagements deutlich hinausgehen.

Neue Formen der Arbeitsorganisation im indirekten und direkten Bereich sind heute schon feste Bestandteile innovativer Unternehmen. Die Entkopplung der Arbeitszeit von der Betriebszeit, integrierte Planungsansätze sowie der Aufbau dezentraler Strukturen sind nur einige der Konzepte, welche die aktuellen Entwicklungsrichtungen kennzeichnen. Erfreulich ist der Trend, immer mehr den Menschen in den Mittelpunkt der Arbeitsgestaltung zu stellen - die traditionell eher technokratisch akzentuierten Ansätze weichen einer stärkeren Human- und Organisationsorientierung. Qualifizierungsprogramme, Training und andere Formen der Mitarbeiterentwicklung gewinnen als Differenzierungsmerkmal und als Zukunftsinvestition in *Human Resources* an strategischer Bedeutung.

Von wissenschaftlicher Seite muß dieses Bemühen durch die Entwicklung von Methoden und Vorgehensweisen zur systematischen Analyse und Verbesserung des Systems Produktionsbetrieb einschließlich der erforderlichen Dienstleistungsfunktionen unterstützt werden. Die Ingenieure sind hier gefordert, in enger Zusammenarbeit mit anderen Disziplinen, z. B. der Informatik, der Wirtschaftswissenschaften und der Arbeitswissenschaft, Lösungen zu erarbeiten, die den veränderten Randbedingungen Rechnung tragen.

Die von den Herausgebern langjährig geleiteten Institute, das

- Institut für Industrielle Fertigung und Fabrikbetrieb der Universität Stuttgart (IFF),
- Institut für Arbeitswissenschaft und Technologiemanagement (IAT),
- Fraunhofer-Institut für Produktionstechnik und Automatisierung (IPA),
- Fraunhofer-Institut für Arbeitswirtschaft und Organisation (IAO)

arbeiten in grundlegender und angewandter Forschung intensiv an den oben aufgezeigten Entwicklungen mit. Die Ausstattung der Labors und die Qualifikation der Mitarbeiter haben bereits in der Vergangenheit zu Forschungsergebnissen geführt, die für die Praxis von großem Wert waren. Zur Umsetzung gewonnener Erkenntnisse wird die Schriftenreihe „IPA-IAO - Forschung und Praxis" herausgegeben. Der vorliegende Band setzt diese Reihe fort. Eine Übersicht über bisher erschienene Titel wird am Schluß dieses Buches gegeben.

Dem Verfasser sei für die geleistete Arbeit gedankt, dem Springer-Verlag für die Aufnahme dieser Schriftenreihe in seine Angebotspalette und der Druckerei für saubere und zügige Ausführung. Möge das Buch von der Fachwelt gut aufgenommen werden.

H. J. Warnecke E. Westkämper H.-J. Bullinger

Vorwort

Die vorliegende Arbeit entstand während meiner Tätigkeit als wissenschaftlicher Mitarbeiter am Fraunhofer Institut Produktionstechnik und Automatisierung (IPA), Stuttgart. Als Dankeschön für den großen Rückhalt während des Entstehens der Arbeit widme ich das Buch meiner Frau Ulrike, meinen Schwiegereltern sowie meinen verstorbenen Eltern.

Herrn Professor Dr.-Ing. Dr. h.c. E. Westkämper danke ich für die wohlwollende Unterstützung und Förderung meiner Arbeit.

Mein Dank gilt auch in gleicher Weise Herrn Professor Dr. rer. nat. B. Höfflinger für die Durchsicht und Übernahme des Mitberichts.

Für die Unterstützung und konstruktive Diskussionen danke ich allen Kolleginnen und Kollegen. Hierbei gilt der Dank insbesondere Herrn Dr.-Ing. B. Klumpp, Herrn Dr.-Ing. M. Schweizer und Herrn Prof. Dr.-Ing. Dr. h.c. mult. R.D. Schraft.

Ferner danke ich den Herren Dipl.-Ing. A. Filipovic und Dipl.-Ing. P. Fode für die intensiven Fachgespräche, Kritik und Unterstützung. Einen besonderen Dank möchte ich auch den Herren Dipl.-Ing. D. Werner und Dipl.-Ing. B. Müller für ihre ausdauernde Diskussionsbereitschaft während der Entstehung dieses Werkes aussprechen.

Stuttgart, im November 1998 | Johann Dorner

Inhaltsverzeichnis

0 Abkürzungen und Formelzeichen

AES		Augerelektronen-Spektroskopie
AG		Ausgleichsgefäß
AV		Absperrventil
B		Mechanische Mobilität
C		Cunningham-Faktor
CNC		Condensation Nucleus Counter - Kondensationskernzähler
c_N^0	mol/m^3	Anzahlkonzentration der Partikel im Hauptgasstrom
c_N	mol/m^3	Anzahlkonzentration der Partikel im Probenahmestrom
c_S	m/s	Wanderungsgeschwindigkeit aufgrund der Schwerkraft
c_t	m/s	Thermische Wanderungsgeschwindigkeit
CV		Variationskoeffizient
D	m^2/s	Diffusionskoeffizient
D_S	m	Durchmesser der Sonde
D_R	m	Durchmesser des Rohres
D_P	m	Partikeldurchmesser
DM		Druckminderer
DRAM		Dynamic Random Access Memory
DV		Datenverarbeitung
EDX		energiedispersive Röntgenstrahlanalyse
F		Filter
j	1/s	Partikelfluß
K	W/Km	Wärmeleitfähigkeit des Gases
$K_{ÄSQ}$		Kontaminationsfaktor für die Änderung des Strömungsfaktors
K_{IF}		Kontaminationsfaktor für die innere Oberfläche
K_{KU}		qualitativer Faktor der Kontaminationsursache
K_P	W/Km	Wärmeleitfähigkeit des Partikels
K_T		thermophoretischer Koeffizient
Kn		Knudsen-Zahl
k	J/K	Boltzmann-Konstante

M		Manometer
n	mol/m^3	Partikelkonzentration
OPZ		Optischer Partikelzähler
POU		Point of Use - Einleitung in den Prozeß (Verbraucher)
POS		Point of Supply - Medienanlieferung
PZ		Partikelzähler
R		Relais
Re_v		Reynoldszahl eines Partikels
REM		Rasterelektronenmikroskop
SE		Steuereinheit
SIMS		Sekundärionen-Massenspektroskopie
Stk_v		Stokeszahl eines Partikels
T	K	Temperatur
TE		Takteinheit
TV		Taktventil
t	s	Zeit
UHP		Ultra High Pure
USV		unterbrechungsfreie Stromversorgung
VSM		Volumenstrommesser
v	m/s	Geschwindigkeit des Probenahmegasstroms
w	m/s	Geschwindigkeit des Hauptgasstroms
WDX		wellendispersive Röntgenstrahlanalyse
Δy	m	mittlere Verschiebung eines Partikels
ε	m^2/s	turbulente Diffusionskonstante
λ_G	m	freie Weglänge der Gasmoleküle
η		Probenahmewirkungsgrad
η_G	Ns/m^2	Zähigkeit des Reinstgases
ν_G	mm^2/s	kinematische Viskosität des Gases
ρ_G	kg/m^3	Dichte des Reinstgases
ρ_P	kg/m^3	Dichte des Partikels

1 Einleitung

Fertigungstechnologien mit zunehmenden Anforderungen an reinste Fertigungsbedingungen halten Einzug in immer mehr Industriebereichen /1/. Die Gründe liegen sowohl in den gestiegenen Qualitätsansprüchen der Verbraucher als auch in der Notwendigkeit für die Unternehmen, durch innovative Produkte ihre Wettbewerbsfähigkeit zu erhalten bzw. zu stärken. In den Sparten Mikroelektronik, Mikrosystemtechnik, Pharmazie, Medizintechnik, Lebensmittel-technik, Feinwerktechnik und Optik ist dieser Trend deutlich zu erkennen /2, 3/.

Die extremsten Anforderungen sowohl an die Reinheit der Fertigungsumgebung als auch an die verwendeten Materialien (Feststoffe, Flüssigkeiten und Gase) stellt derzeit die Mikroelektronik.

1.1 Problemstellung

Aufgrund der fortschreitenden Reduzierung der Strukturbreiten auf unter 0,25 µm führen Verunreinigungen durch Partikel ab 0,05 µm bei höchstintegrierten Schaltkreisen zu irreparablen Defekten. Zudem zeichnet sich ein Trend zu noch kleineren Strukturbreiten und damit auch zu kleineren kritischen Partikelgrößen ab /4, 5/.

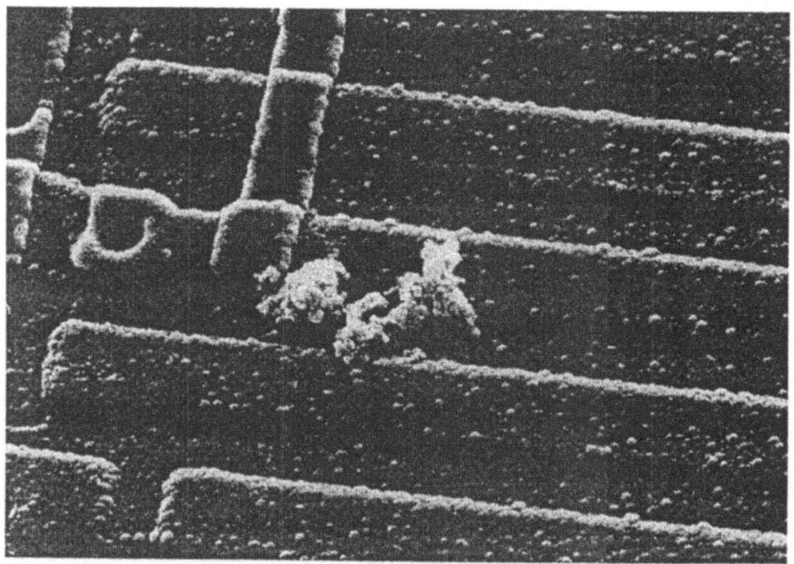

Bild 1.1: "Killer"-Partikel auf höchstintegriertem Schaltkreis

Quellen von Partikeln sind Umgebungsluft, Personal, Fertigungsgeräte und Materialien. Die Reinraumtechnologie hat sich in den letzten Jahren stark weiterentwickelt und somit die Zahl der Partikel in der Luft gesenkt. Fertigungsgeräte wurden ebenfalls entsprechend optimiert. Durch verstärkte Automatisierung /6/ und verbesserte Reinraumkleidung wurden die vom Menschen ausgehenden Verunreinigungen reduziert. Die Kontamination durch unreine Materialien hat dagegen stark zugenommen.

Gasen und den damit verbundenen Verunreinigungen wird in Zukunft eine immer größere Bedeutung zukommen /7, 8/. Werden im Rahmen der Produktion des 16 Megabit-Chips bereits bei 60% der insgesamt ca. 400 Prozeßschritte Gase eingesetzt /9/, so wird dieser Anteil bei der Fertigung des 64 Megabit-Chips auf ca. 70 - 75% steigen /5, 10, 11, 12/.

Für die Bereitstellung von Gasen der geforderten Qualität beim Herstellungsverfahren ist es nicht nur erforderlich, daß diese hochrein hergestellt und angeliefert werden /13, 14/, sondern auch, daß Verunreinigungen im Versorgungssystem zwischen POS (Point of supply - Ort der Einspeisung) und POU (Point of use - Ort des Verbrauchs) ausgeschlossen bzw. minimal sind /15, 16, 17/.

Bis heute existiert jedoch kein Verfahren, das eine gesicherte Beurteilung des Kontaminationsverhaltens einzelner Gasversorgungskomponenten und des Gesamtsystems der Reinstgasversorgung zuläßt /18/. Dadurch wird es erschwert, sowohl das Kontaminationsverhalten von Komponenten beispielsweise durch Änderungen in der Konstruktion oder Materialauswahl systematisch zu verbessern, als auch den Partikeleintrag durch das Gesamtsystem der Reinstgasversorgung durch die Variation der Betriebsbedingungen zu minimieren. Somit ist eine ganzheitliche Betrachtung des Produktionsablaufs, d.h. das Erfassen der Zusammenhänge von Komponenten und Gesamtsystem, Kontamination und erzielbarer Produktqualität nicht möglich /19/. Ein Folge dieses Informationsdefizites ist, daß Potentiale zur Kosteneinsparung und Qualitätsverbesserung nicht genutzt werden können /20/.

1.2 Zielsetzung und Vorgehensweise

Das Ziel der vorliegenden Arbeit ist die systematische Entwicklung eines Verfahrens zur Qualifizierung von Komponenten, Teilsystemen und des Gesamtsystems der Reinstgasversorgung hinsichtlich der Partikelkontamination. Auch soll das Prüfverfahren die Möglichkeit bieten, die eingesetzten Partikelzähler bezüglich der ermittelten Partikelgröße zu überprüfen.

Durch das zu entwicklende Prüfverfahren soll sowohl eine Verbesserung des Kontaminationsverhaltens der Teilsysteme/Komponenten durch Änderungen in der Konstruktion als auch die Ermittlung des optimalen Betriebspunktes der Teilkomponenten bzw. des Gesamtsystems der Reinstgasversorgung ermöglicht werden.

Das Prüfverfahren muß sich an den derzeit höchsten Anforderungen der Reinstgasversorgung, wie sie in der Halbleiterindustrie herrschen, orientieren. Es soll aber auch für andere Branchen mit niedrigeren Anforderungen an die Reinheit der Materialien einsetzbar sein, um eine möglichst große Gruppe von potentiellen Anwendern zu erreichen. Für das Prüfverfahren sind besonders Partikel, die kleiner als ein µm sind, von Interesse, da größere Partikel durch den Einsatz von Endfiltern eliminiert werden können.

Die Basis für diese Entwicklung stellt eine Analyse der an ein derartiges Prüfverfahren gestellten Anforderungen dar.

Darauf aufbauend wird das Prüfverfahren konzipiert, bestehend aus Prüfstand und Prüfablauf. Experimentelle Detailuntersuchungen und empirische Betrachtungen sollen das Verfahren absichern und auf die praktische Anwendung hin auslegen.

An ausgewählten praxisbezogenen Anwendungen erfolgt die Überprüfung der Einsatzfähigkeit in der Industrie.

2 Stand der Technik

2.1 Begriffe und Definitionen

■ **Partikel**

Als Partikel werden Teilchen in festem oder flüssigem Aggregatzustand mit festen physikalischen Grenzen bezeichnet, die in einem Stoff mit einem anderen Aggregatzustand dispergiert sind.

Die Definition als Partikel wird für Teilchen von ca. 0,001 µm bis etwa 500 µ m verwendet /21/. Die untere Grenze ist durch den Übergang zu molekularen Dispersionen gegeben. Der unerwünschte Eintrag von Partikeln in ein Reinstgas wird als Partikelkontamination bezeichnet.

Partikelförmige Gasbeimengungen treten sowohl in der Luft (insbesondere in Form von Staub und Mikroorganismen) als auch in technischen Gasen auf, insbesondere als Folge der Gaserzeugung sowie des Transportes.

■ **Partikelmeßtechnik**

Die Technik zur eindeutigen Bestimmung der Größe, Anzahl und stofflichen Zusammensetzung von Partikeln wird als Partikelmeßtechnik bezeichnet /22/.

Da überwiegend unregelmäßig geformte Partikel vorkommen, wird die Partikelgröße beschrieben durch Hilfsgrößen wie /23/ z. B.:

- Projizierter Durchmesser: entspricht dem Durchmesser eines Kreises, dessen Fläche gleich der auf eine Abbildungsebene projizierten Fläche der untersuchten Partikel ist. Hierbei soll die Projektionsrichtung senkrecht zur Abbildungsebene liegen /24/,
- Volumendurchmesser: entspricht dem Durchmesser einer Kugel, die das gleiche Volumen wie der untersuchte Partikel hat /24/ und
- Oberflächendurchmesser: entspricht dem Durchmesser einer Kugel, deren Oberfläche gleich derjenigen des untersuchten Partikels ist /24/.

Zur eindeutigen Definition der Materialzusammensetzung von Partikeln dient die Partikelanalyse.

■ **Reinstgasversorgungssysteme**

Als Reinstgase werden Gase mit sehr geringen Anteilen von Fremdstoffen bezeichnet. Bezüglich der Art der Verunreinigung ist die partikuläre von der nichtpartikulären Verunreinigung zu unterscheiden.

Reinstgase werden in speziellen Anlagen künstlich hergestellt und im Gegensatz zu herkömmlichen Gasen gezielt nachgereinigt und unter hochreinen Bedingungen abgefüllt.

Gasversorgungssysteme, die es ermöglichen, das Gas sowohl sicher als auch unter Einhaltung reinster Bedingungen vom Tank/Gasflasche in Rohrleitungen zum Verbrauchsort zu führen, werden als Reinstgasversorgungssysteme (kurz: **Systeme**) bezeichnet. Die Bauteile (Rohrleitungen, Ventile, Druckminderer, Filter, etc.) von Reinstgasversorgungssystemen werden als Reinstgasversorgungskomponenten (kurz: **Komponenten**) bezeichnet. Teilsysteme der Reinstgasversorgung bestehen zumindest aus zwei, meistens jedoch aus mehreren Reinstgasversorgungskomponenten.

Unter dem Gesamtsystem (in den folgenden Kapiteln meistens auch als Reinstgasversorgungssystem bezeichnet) versteht man die Gesamtheit aller in einem Gasversorgungssystem eingesetzten Reinstgasversorgungskomponenten.

2.2 Reinstgasversorgung

2.2.1 Reinstgase

In der Halbleiterfertigung nehmen bereits mehr als 50 verschiedene Gasarten eine Schlüsselrolle bei wichtigen Herstellungsprozessen ein.

Die Herstellung eines 16 Megabit-DRAM-Chips erfordert ca. 400 einzelne Prozeßschritte. Davon kommen ca. 60 % nicht ohne die Verwendung von Reinstgasen aus.

Die verwendeten Gase lassen sich in zwei Hauptgruppen einteilen /25/:

I **Grundgase (Bulkgase)**, die vorrangig als Schutz-, Spül- und Trägergas eingesetzt werden.

II **Prozeßgase**, die für einzelne spezifische Produktionsschritte benötigt werden. Durch die teilweise extremen Eigenschaften der Prozeßgase - giftig, brennbar, selbstentzündlich, korrosiv - werden entsprechend hohe Anforderungen an Handhabung, Erhalt oder Erhöhung der Gasreinheit sowie an die Qualitätskontrolle gestellt.

In Bild 2.1 sind die wichtigsten Grund- und Prozeßgase für die Chipherstellung zusammengefaßt. Ferner beinhaltet Bild 2.1 die Einsatzgebiete in den jeweiligen Fertigungsprozessen sowie die spezifischen Eigenschaften der Gase.

Prozeßgruppe	typische Gase	besondere Eigenschaften
Ofenprozesse	H_2	brennbar, reduzierend
	Ar, N_2, He, CF_4, C_2F_6, SF_6	inert, erstickend
	O_2	oxidierend
	AsH_3, B_2H_6, PH_3, SiH_4	selbstentzündlich, giftig
	BCl_3, HCl, HF, WF_6	korrosiv, giftig
	NH_3, SiH_2Cl_2	selbstentzündlich, korrosiv, giftig
	NF_3	korrosiv, oxidierend
Implantationen	H_2	brennbar, reduzierend
	Ar, N_2, He, SF_6	inert, erstickend
	AsH_3, B_2H_6, PH_3	selbstentzündlich, giftig
	BF_3	korrosiv, giftig
	SiH_2Cl_2	selbstentzündlich, korrosiv, giftig
Sputtern	Ar, N_2, He	inert, erstickend
	O_2	oxidierend
Epitaxie	H_2	brennbar, reduzierend
	Ar, N_2	inert, erstickend
	AsH_3, B_2H_6, PH_3, SiH_4	selbstentzündlich, giftig
	HCl, $SiCl_4$	korrosiv, giftig
	NH_3, SiH_2Cl_2	selbstentzündlich, korrosiv, giftig
Lithographie	H_2	brennbar, reduzierend
	N_2, He	inert, erstickend
	O_2	oxidierend
Maskentechnik	Ar, N_2, CF_4	inert, erstickend
	O_2	oxidierend
Trockenchemie	Ar, N_2, CF_4, CHF_3, SF_6	inert, erstickend
	O_2	oxidierend
	BF_3, HCl, $SiCl_4$, SiF_4	korrosiv, giftig
	Cl_2, NF_3	korrosiv, oxidierend

Bild 2.1: Beispiele für den Einsatz gasförmiger Medien in der Halbleiterfertigung /26, 27, 28, 29/

2.2.2 Reinstgasversorgungssysteme

In der Reinstgasversorgung sind zwei Arten der Versorgung üblich:

- Eine **zentrale Versorgung**, bei der die Reinstgase in Tanks oder Großgebinden lagern und über Leitungen zum POU geführt werden.
- Eine **dezentrale Versorgung**, bei der die Medien direkt am POU in Gasflaschen zur Verfügung stehen. Um eine kontinuierliche Versorgung sicherzustellen, sind dabei zwei Flaschen parallel installiert.

Die Entscheidung für den Einsatz der jeweiligen Variante wird hauptsächlich durch die Verbrauchsmenge und die Gefährlichkeit der Gase bestimmt.

Die Anforderungen an Reinstgasversorgungssysteme stellen neben der Sicherung physikalisch-technischer Parameter (Druck, Volumenstrom etc.) die reinheitsrelevanten Aspekte dar /30, 31,32/ wie z. B.:

- Vermeidung von reaktiven, gasförmigen Verunreinigungen,
- Vermeidung von Verunreinigungen durch Partikel und
- konstante Produktqualität der Gase.

Um diesen in der Halbleiterindustrie zum Teil extremen Anforderungen zu erfüllen, werden von seiten der Komponenten- und Systemhersteller Maßnahmen ergriffen wie:

- 2-fache Verpackung der Komponenten,
- Vormontage unter Reinraumbedingungen,
- Vor-Ort-Montage unter reinsten Bedingungen (Reinraumzelt, Reinraumhandschuhe etc.) und
- ständiges Durchspülen der installierten Rohrleitungen während der Montage mit reinem Spülgas.

2.2.3 Reinstgasversorgungskomponenten

Ihre Bezeichnung als Reinstgasversorgungskomponenten erhalten die Komponenten in der Regel aufgrund der Annahme bzw. Tatsache eines geringen Partikeleintrages. Im Gegensatz zu konventionellen Gasversorgungskomponenten wird durch geeignetes Design, gezielte Materialauswahl, Oberflächenbehandlung etc. eine Kontaminationsreduzierung angestrebt /33, 34/. Die einzelnen Komponenten des Reinstgasversorgungssystems (Rohrleitungen, Armaturen, Filter usw.) müssen so ausgelegt und hergestellt sein, daß sie möglichst keine zusätzlichen Partikel in das Reinstgas abgeben.

Zusätzlich soll die Mikrostruktur der Innenfläche der verwendeten Materialien so beschaffen sein, daß die medienberührte Oberfläche kein Rückhaltevermögen gegenüber Partikeln, Feuchtigkeit und sonstigen schädlichen chemischen Verbindungen aufweist /30, 35, 36/.

Zur Kontaminationsreduzierung der Komponenten in den Versorgungssystemen werden von den führenden Herstellern zunehmend neue Maßnahmen gesucht, um die zukünftigen steigenden Reinheitsanforderungen an ihre Komponenten zu erfüllen.

2.3 Künstliche Partikelerzeugung

Um die Möglichkeit eines steuerbaren Partikeleintrags zu haben, ist es erforderlich, eine Vorrichtung zur Erzeugung von Partikeln in den Prüfaufbau zu integrieren /37, 38, 39/.

Die gebräuchlichsten Methoden für die Herstellung von Partikeln sind:

- Dispergieren von Feststoffen
- Dispergieren von Flüssigkeiten
- Dispergieren von Suspensionen
- Kondensation nach Verdampfen
- Kondensation nach chemischer Reaktion

Partikel mit nahezu homogener Größe können von den folgenden Verfahren erzeugt werden:

- Dispergieren von Flüssigkeiten
- Dispergieren von Latex-Suspensionen
- gesteuerte Kondensation nach Verdampfung

Bis heute existiert jedoch kein Verfahren, mit dem eine konstante und bekannte Partikelkonzentration in ein Druckgasversorgungssystem eingebracht werden kann.

2.4 Prüfung der Partikelkontamination in Reinstgasversorgungskomponenten

2.4.1 Partikelmeßtechnik

2.4.1.1 Geräte und Verfahren zur Erfassung von Partikeln in Gasen

- **Optische Partikelzähler**

Bei der Partikelmessung in Gasen werden am häufigsten optische Partikelzähler (OPZ) eingesetzt. Sie arbeiten nach dem Prinzip der Streulichtmethode. Die Partikel werden in einer Meßzelle einzeln durch einen Lichtstrahl geleitet . Der von den Partikeln ausgehende Streulichtimpuls wird photoelektrisch registriert. Die Anzahl der Streulichtimpulse wird gezählt und mit Hilfe einer Impulshöhenerkennung klassifiziert. Die untere Partikelnachweisgrenze liegt bei gängigen OPZ's bei 0,1 µm, die obere meist bei 5 µm /40, 41/.

- **Kondensationskernzähler**

Zur Zählung von Partikeln im Bereich 0,01 µm bis 0,1 µm werden Kondensationskernzähler eingesetzt. Das Prinzip dieser Geräte beruht darauf, daß durch die Kondensation eines geeigneten Mediums (Alkohol) auf den zu zählenden Partikeln diese zu größeren Tröpfchen anwachsen läßt und danach eine Detektion der größeren Partikel mit Hilfe eines einfachen optischen Partikelzählers möglich ist /42/.

- **Auszählverfahren**

Zur Auszählung von in einem Gasstrom durch Filtration gesammelten Partikeln werden häufig Rasterelektronenmikroskope (REM) /43, 44/ eingesetzt. Die Ergebnisse der Auszählung sind, nachdem sie in Beziehung zum Probevolumen gesetzt wurden, ein Maß für die mittlere Istkonzentration am Ort der Probenahme. Die Auszählmethode erlaubt grundsätzlich die Partikelmessung in Druckgasen. Sie ist aber sehr zeitaufwendig und kommt deshalb für kontinuierliche Messungen nicht in Frage. Ein Vorteil der REM-Auszählmethode liegt darin, daß in Verbindung mit der EDX-Analyse (Energiedispersive Röntgenstrahlanalyse) ein Rückschluß auf die Kontaminationsquelle möglich ist. Typische Einsatzgebiete der Auszählverfahren sind:

- Überprüfung und Kalibrierung von optischen Partikelzählern und
- Erfassung des Partikelmaterials und der Partikelform.

2.4.1.2 Probenahme

Die Probenahme stellt die Verbindung zwischen dem Meßort (z. B. Rohrleitung) und dem Meßgerät (Partikelzähler) dar. Man unterscheidet je nach Einsatzbereich des Meßgerätes zwischen der drucklosen Probenahme und der Probenahme unter Überdruck /45, 46/. Für die drucklose Probenahme ist eine Aufbereitung der Probe nötig, die hauptsächlich die folgenden zwei Grundfunktionen beinhaltet:

- Anpassung des Probevolumenstroms an den Volumenstrom des Partikelzählers und
- Druckreduzierung des Rohrsystemdrucks auf Atmosphärendruck.

Zur notwendigen Druckreduzierung können folgende Bauteile eingesetzt werden:

- Diffusor mit stetiger Querschnittserweiterung (Kapillardiffusor) /47, 48, 49, 50/,
- Diffusor mit unstetiger Querschnittserweiterung (Stoßdiffusor) /51/,
- Ausgleichsgefäße (in verschiedenen Größen, aus Glas oder Edelstahl),
- Ventile (überwiegend Faltenbalgventile) oder
- speziell entwickelte Geräte /52, 53, 54, 55/, die größtenteils nicht zum Verkauf stehen.

Die Probenahme kann auf drei verschiedene Arten /56/ erfolgen. Bei der In-line-Methode entspricht der Hauptgasstrom dem Probegasstrom. Sie wird häufig bei Abnahmemessungen von Rohrleitungssystemen angewendet. Das Off-line-Verfahren, bei dem der Hauptgasstrom für die Probeentnahme unterbrochen wird, wird beim Auszählverfahren eingesetzt. Beim Einsatz des On-line-Verfahrens stellt der Probegasstrom einen Teilstrom der Hauptgasleitung dar. Nur hierbei besteht die Möglichkeit einer kontinuierlichen Prozeßüberwachung.

2.4.2 Prüfverfahren

Zur Zeit existieren noch keine einheitlichen, standardisierten Verfahren zur Prüfung von Reinstgasversorgungskomponenten bzw. -systemen. Es gibt zwar Vorschläge, die den Ablauf einer Qualifizierung vorschreiben. Diese Arbeiten beschreiben jedoch nur den theoretischen Prüfungsablauf und beschäftigen sich mit dem zur Durchführung benötigten Prüfaufbau. Deswegen werden die Anforderungen an den Prüfaufbau, um zuverlässige und reproduzierbare Ergebnisse zu erzielen, nicht behandelt.

Zudem sind die beschriebenen Prüfabläufe nur auf einzelne Reinstgasversorgungskomponenten, z. B. Ventile /46, 57, 58, 59/ und Filter /SEMI/, zugeschnitten.

Der wichtigste veröffentlichte Vorschlag ist von der SEMATECH INC. in der SEMASPEC 90120390A-S festgehalten. An dieser Arbeit orientieren sich zahlreiche spätere Testmethoden, z. B.:

1 WANG et. al.: "Establishing a Particle Test Sequence for UHP Gas Valves" In: Microcontamination 4/93 (Weiterentwicklung der SEMASPEC)

2 Perisami et. al.: "Testing Effects of Actual Pressure on Particle Emission from Air-Actuated Valves" In: Microcontamination 3/93

3 Analyse der Randbedingungen für das Prüfverfahren

Zur Konkretisierung des konzeptionellen Rahmens für die Entwicklung des Prüfverfahrens werden zunächst mögliche Anwendungen in der Industrie ermittelt, die sich dort ergebenden Prüfaufgaben herausgearbeitet und deren Umsetzbarkeit beurteilt. Die dazu nötige Analyse des Entwicklungsumfeldes umfaßt folgende Themenbereiche:

1. Das Interesse von Anwenderzielgruppen, d. h. Einsatzgebiete und Anwendungen des Prüfverfahrens.
2. Das funktionstyp- und bauartspezifisch zu erwartende Kontaminationsverhalten systemintegrierter Komponenten und Teilsysteme.
3. Die in Systemen anzutreffenden physikalischen Betriebsbedingungen.
4. Das Kontaminationsverhalten des Gesamtsystems der Reinstgasversorgung
5. Die Aussagekraft und Einsatzbreite verfügbarer Probenahme- und Meßtechniken

3.1 Anwendungen und Einsatzgebiete für das zu entwickelnde Prüfverfahren

Voraussetzung für die Analyse möglicher Anwendungen und Einsatzgebiete des zu entwickelnden Prüfverfahrens ist die Betrachtung des Lebensweges (Lebenszyklus) von Komponenten. Dieser Zyklus umfaßt alle Lebensabschnitte von der Konstruktion über die verschiedenen Herstellungs- und Montageschritte bis hin zum Einsatz im Reinstgasversorgungssystem und dem letztendlichen Austausch der Komponente aus Qualitäts-, Sicherheits- oder Funktionsgründen. Innerhalb des Lebenszyklusses einer Komponente werden **Anwendergruppen** definiert, die gleichzeitig die zukünftigen Nutzer des Prüfverfahrens sind /60/. Die **Hersteller von Komponenten, die Hersteller von Systemen** und deren **Betreiber** sind die wichtigsten Zielgruppen (siehe Bild 3.1). Branchenunterschiede (Pharmabranche, Mikrosystemtechnikbranche, Hableiterbranche, ...) bei Reinstgasanwendern äußern sich in unterschiedlichen Anforderungen an die zu messende kritische Partikelgröße. Dieser Tatsache muß mit einem modularen Prüfaufbau Rechnung getragen werden, um Meßgeräte mit unterschiedlichen Meßbereichen einsetzen sowie bei Weiterentwicklung der Meßtechnik diese in das Prüfverfahren auch zukünftig integrieren zu können.

Die Halbleiterindustrie stellt die höchsten Anforderungen an das Prüfverfahren. Die hier zu messende kleinste Partikelgröße liegt im Bereich der unteren Detektionsgrenze von industriell einsetzbaren Meßgeräten.

Die Lebensabschnitte der Komponenten bedingen zielgruppenspezifische Prüfanwendungen. Mit dem Prüfverfahren soll ein für alle Zielgruppen einsatzfähiges qualitatives Werkzeug entwickelt werden, das gleichermaßen in den Einsatzbereichen Optimierung, Vergleich und Systemintegration von Komponenten Anwendung findet. Die bei einer Befragung der potentiellen Anwender am häufigsten genannten Anforderungen an das zu entwickelnde Prüfverfahren waren industrielle Anwendbarkeit, Praxisnähe, Reproduzierbarkeit und Aussagekraft der Ergebnisse der Komponenten-, Teilsystem- und Gesamtsystemprüfung.

Die an Komponenten und Systeme gestellten Anforderungen werden als Spezifikation oder Abnahmezertifikat an den Übergabeschnittstellen bezeichnet. Prüfabläufe und -anlagen zur Festlegung oder Überprüfung einer Spezifikation bzw. Zertifizierung müssen laut Anwenderbefragung möglichst standardisiert sein.

Bei Anwendungen, bei denen eine standardisierte Vorgehensweise nicht sinnvoll erscheint, sollte zumindest eine maximale Anlehnung an das Standardverfahren (Aufbau, Randbedingungen etc.) erfolgen, um die Variationsbreite des Prüfverfahrens zu reduzieren und somit eine breite Akzeptanz für den industriellen Einsatz zu erzielen.

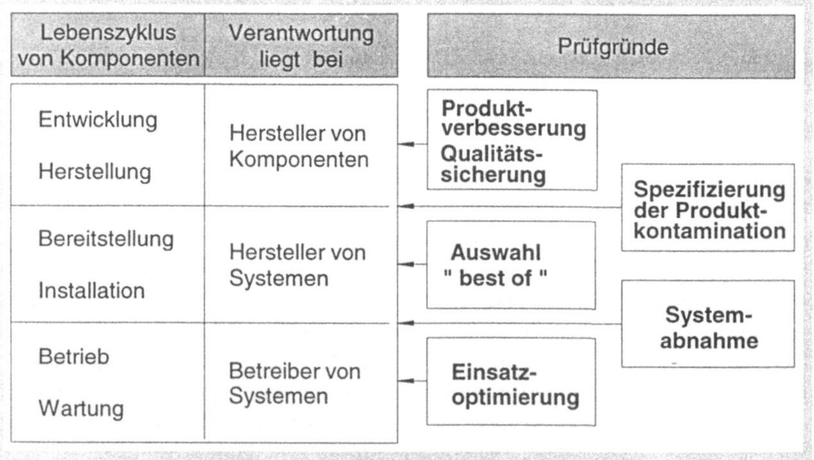

Bild 3.1: Zusammenhang zwischen Lebenszyklus der Komponente, Verantwortungsbereichen und Prüfgründen

In Bild 3.2 ist die Bedeutung der jeweiligen Einsatzgebiete und Anwendungen für die einzelnen Anwenderzielgruppen dargestellt. Diese Zuordnung ist das Ergebnis einer Befragung der Anwenderzielgruppen.

Einsatzgebiete und Anwendungen \ Anwendungszielgruppen	Hersteller von Komponenten	Hersteller bzw. Planer von Systemen	Betreiber von Systemen
Optimierung von Komp.			
- Materialuntersuchungen	● HOCH	◒ MITTEL	○ GERING
- Langzeituntersuchungen	● HOCH	● HOCH	◒ MITTEL
- Designuntersuchungen	● HOCH	○ GERING	○ GERING
- Qualifizierung durchgeführter Optimierungen	● HOCH	● HOCH	● HOCH
- Freispülverhalten von Komp.	● HOCH	◒ MITTEL	○ GERING
Qualitätssicherung			
- Endkontrolle der Komponenten-Fertigung	● HOCH	○ GERING	○ GERING
- Abnahmemessungen von Systemen	○ GERING	● HOCH	◒ MITTEL
- Überprüfung von Partikelzählern	● HOCH	● HOCH	● HOCH
Vergleichtests			
- Untersuchung versch. Komponenten	◒ MITTEL	● HOCH	◒ MITTEL
Integration von Komponenten in Systeme			
- Ermittlung des optimalen RGVK-Betriebspunktes	● HOCH	● HOCH	● HOCH
- Optimierung des Betriebspunktes von RGVS	○ GERING	◒ MITTEL	● HOCH

LEGENDE: ● HOCH | ◒ MITTEL | ○ GERING

Bild 3.2: Ausgewählte Anwendungen und Einsatzgebiete des Prüfverfahrens

Ziel muß es sein, ein einheitliches Prüfverfahren für möglichst alle Einsatzgebiete zu entwickeln, d.h. für Komponenten, Teilsysteme und gesamte Reinstgasversorgungssysteme.

Die Grundbedingungen für eine industriell Anwendung müssen erfüllt werden. Ein solches Verfahren muß rationell effizient robust und einfach zu handhaben sein.

3.2 Partikelverhalten und Systemdynamik von Reinstgasversorgungssystemen

Um die Anforderungen an das zu entwickelnde Prüfverfahren formulieren zu können, müssen zunächst die kritischen Effekte der Partikelfreisetzung und des Partikeltransports ermittelt werden /61/. Diese generellen Effekte in Beziehung zu den realen Betriebsbedingungen in Reinstgasversorgungssystemen lassen eine erste analytische Bewertung des Kontaminationsverhaltens von Reinstgasversorgungskomponenten zu.

3.2.1 Mechanismen der Partikelfreisetzung

Der Bilanzraum eines Systems bezüglich des Partikelverhaltens erstreckt sich vom Einspeisungspunkt (POS) über die Transportstrecke zum Verbrauchspunkt (POU) des Reinstgases. Die am POU anzutreffenden schädlichen Partikel sind darin zunächst ihrer **Herkunft** nach in zwei Klassen zu differenzieren:

1. **endogene**, von Systemkomponenten emittierte Partikel
2. **exogene,** durch das Versorgungsgas oder infolge Leckagen eingetragene Partikel

Innerhalb der Komponenten eines Systems treten als Emissionsursache vorwiegend zwei **Formen der Partikelquellung** auf:

Ablösung durch Überwindung von Haltekräften adhäsiv gebundener Partikel (z. B. Fertigungsrückstände)

Generierung durch Reibung, Deformation oder chemischen Angriff erfolgende Heraustrennung von Partikeln aus der Komponenten-Oberfläche

Die durch Ablösung verursachten Partikel werden von der Komponente größtenteils innerhalb eines kurzen Zeitraumes unmittelbar nach der Inbetriebsetzung emittiert /67, 68, 69/. Die Partikelgenerierung dagegen erfolgt infolge hohen lokalen Energieeintrages durch Betriebszustände im Grenzbereich oder durch schnelle Lastwechsel. Die Empfindlichkeit der Komponente gegenüber Quellmechanismen, die durch die Form des Energieeintrages ausgelöst werden, bestimmt weitgehend deren Betriebsverhalten. Die wichtigsten Quellmechanismen zeigt folgende Tabelle (Bild 3.3):

Mechanismus	Angriff	Wirkung
Vibration, Gravitation	räumlich	Zerrüttung
Abrieb, Deformation	flächig	Zerspanung
Reaktion, Solvatation, Desorption	molekular	Zersetzung

Bild 3.3: Quellmechanismen

Das Prüfverfahren muß die Möglichkeit bieten, alle beschriebenen Quellmechanismen auszulösen. Aus diesem Grund muß der Prüfaufbau die Simulation verschiedenster Streßsituationen ermöglichen.

Eine weitere wesentliche Aufgabe des zu entwickelnden Prüfaufbaus muß es sein, die exogene Partikelherkunft auszuschließen. Nur so kann sichergestellt werden, daß die gemessenen Partikel ausschließlich dem Prüfobjekt zuzuordnen sind. Insbesondere beim Test von Komponenten und Teilsystemen muß daher ein "Null-Partikel"-Gas eingesetzt werden.

3.2.2 Analyse der physikalischen Phänomene des Partikeltransports

- **Wechselwirkungseffekte Partikel - Gas**

Die Knudsen-Zahl Kn ermöglicht eine Charakterisierung der Partikel entsprechend ihrer Größe im Reinstgas:

$$Kn = \frac{2 \cdot \lambda_G}{D_P} \tag{1}$$

Darin gibt λ_G die freie Weglänge der Gasmoleküle an, während D_P der Durchmesser des Partikels ist. Mit Hilfe der Knudsen-Zahl kann der Cunningham-Korrekturfaktor C bestimmt werden, der den Übergang vom molekülartigen zum hydrodynamischen Bewegungsverhalten definiert.

$$C = 1 + 1{,}257 \cdot Kn + 0{,}4 \cdot Kn \cdot e^{-\frac{1{,}1}{Kn}} \tag{2}$$

Eine große Zahl für C bedeutet, daß die Partikel ein molekülartiges Bewegungsverhalten besitzen. Bei einem kleinen Cunningham-Faktor bewegen sich die Partikel vorwiegend hydrodynamisch.

D_P [µm]	C [/]	Kn [/]	Partikelbewegung
0,01	22,2	13,2	↑ Molekularbereich
0,05	5,0	2,8	Übergangsbereich
0,10	2,4	1,3	
0,50	1,3	0,26	
1,00	1,2	0,13	
2,00	1,1	0,07	↓ Kontinuumsbereich
10,00	1,0	0,01	

Bild 3.4: Knudsen-Zahl und Cunningham-Faktor für Partikelgröße von 0,01 bis 10 µm zur Abschätzung des Bewegungsverhaltens

Bild 3.4 zeigt, daß das Bewegungsverhalten von Partikeln mit einem Durchmesser kleiner als 1 µm nicht mehr im Kontinuumsbereich liegt, sondern durch molekulare Effekte beeinflußt wird. Das bewirkt, daß der Transportmechanismus nicht ausschließlich durch die Gravitation bestimmt wird.

■ Transportmechanismen

Partikeltransport quer zur Strömungsrichtung eines Transportgases erfolgt entlang von Potentialgefällen (z. B. von Schwerefeldern, elektrischen und magnetischen Feldern), durch Impulsübertragung (z. B. Thermophorese, turbulente Diffusion), durch Konzentrationsausgleich (z. B. Brown'sche Diffusion) oder durch Massenträgheit. Die bedeutendsten Effekte des Quertransports sind Schwerkraft, Diffusion und Thermophorese /62, 63/. Die Wanderungsgeschwindigkeit ist eine geeignete Größe, die Deposition von Partikeln in Relation zur Gasgeschwindigkeit darzustellen.

□ Gravitation

Die Wanderungsgeschwindigkeit c_S von Partikeln aufgrund der Schwerkraft wird über das Stoke´sche Widerstandsgesetz bestimmt.

$$c_S = -\frac{\rho_P \cdot D_P^2 \cdot C}{18 \cdot \eta_G} \tag{3}$$

Die Variable ρ_P gibt die Dichte der Partikel an, während η_G für die dynamische Viskosität des Gases steht.

□ Diffusion

Die laminare Brown'sche Diffusion verursacht für schwebende Partikel im Größenbereich von 0,01 bis 10 µm einen Partikelfluß in Richtung der fallenden Konzentration /64, 65/. Dabei läßt sich die mittlere Verschiebung $|\Delta y|$ eines Partikels in der Zeit t in einer bestimmten Richtung durch die Formel

$$|\Delta y| = \sqrt{\frac{4 \cdot D \cdot t}{\pi}} \tag{4}$$

berechnen, wobei D der laminare Diffusionskoeffizient nach Einstein ist.

$$D = k \cdot T \cdot B = k \cdot T \cdot \frac{C}{3 \cdot \pi \cdot \eta_G \cdot D_P} \tag{5}$$

Die Boltzmann-Konstante k beträgt 1,38 10^{-23} J/K. Die Variable T gibt die Temperatur in Kelvin an, während B die mechanische Mobilität des Partikels mit Cunningham-Korrektur bestimmt.

Der Partikelfluß wird nach dem 1. Fick'schen Gesetz durch die Gleichung

$$j = -D \frac{\delta n}{\delta y} \tag{6}$$

wiedergegeben. Dabei bezeichnet N die Konzentration in y-Richtung.

Die bei turbulenter Rohrströmung an einem festen Raumpunkt um einen Mittelwert schwankende Geschwindigkeit führt zusätzlich und analog zur Brown'schen Diffusion zu einer turbulenten Diffusion. Der Gesamtpartikelfluß durch Diffusion wird durch die Gleichung

$$j = -(D + \varepsilon) \frac{\delta n}{\delta y} \tag{7}$$

beschrieben. Dabei gibt ε die turbulente Diffusionskonstante des Gases an.

□ Thermophorese

Als Thermophorese wird die aufgrund eines Temperaturgefälles im Gas stattfindende Partikelbewegung bezeichnet /66/. Durch unsymmetrischen Impulsaustausch der Partikel mit den sie umgebenden Gasmolekülen stellt sich dabei eine Partikelwanderung in Temperaturgradientenrichtung ein. Die Wanderungsgeschwindigkeit wird nach Bachelor durch

$$c_t = -K \cdot v_G \cdot \frac{\Delta T}{T} \tag{8}$$

wiedergegeben. Der thermophoretische Koeffizient K_T wird durch die Verknüpfung der Beweglichkeit des Partikels mit den Wärmeleitfähigkeiten von Partikel (K_P) und Gas (K)

$$K_T = \frac{2{,}294 \cdot \left(K/K_P + 2{,}2 \cdot Kn \right) \cdot C}{(1 + 3{,}438 \cdot Kn) \cdot \left(1 + 2 \cdot K/K_P + 4{,}4 \cdot Kn \right)} \tag{9}$$

beschrieben.

In Bild 3.5 ist der Einfluß der jeweiligen Transportmechanismen auf Partikel unterschiedlicher Größe dargestellt.

Partikelgröße / Transportmechanismus	< 1µm	1 - 10 µm	> 10 µm
Brown`sche Diffusion	●	◒	○
Gravitation	○	◒	●
Thermophorese	●	◒	○
LEGENDE	● HOCH	◒ RELEVANT	○ GERING

Bild 3.5: Analyse des Einflusses von Transportmechanismen auf Partikel unterschiedlicher Größe

Die für das Prüfverfahren interessanten Partikel mit einem Durchmesser kleiner als 1 µm werden vor allem durch die Transportmechanismen der Brown'schen Diffusion und der Thermophorese beeinflußt. Im speziellen bei der Probenahme sind diese Effekte zu berücksichtigen, um reproduzierbare und zuverlässige Meßwerte zu erhalten.

3.3 Prüfobjekte und notwendige Prüfrandbedingungen

Es ist davon auszugehen, daß nicht alle Typen von Reinstgasversorgungskomponenten mit der gleichen Notwendigkeit einer Prüfung zu unterziehen sind. Um hier für die einzelnen Komponentenfamilien in einer ersten Abschätzung die von ihr ausgehende und erwartete Partikelkontamination zu bewerten, werden verschiedene Kontaminationsfaktoren eingeführt.

Der qualitative Faktor der Kontaminationsursache K_{KU} bewertet die verschiedenen Komponenten bezüglich der Summengröße der bei ihnen auftretenden Kontaminationsursachen wie Abrieb, Deformation, Koagulation, Korrosion, Ablösung und Ausspülung.

Um das Kontaminationsverhalten der einzelnen Komponentenfamilien noch differenzierter beurteilen zu können, werden zwei weitere Kontaminationsfaktoren $K_{ÄSQ}$ und K_{IF} eingeführt und definiert. $K_{ÄSQ}$ bewertet die Änderung des Strömungsquerschnittes der jeweiligen Komponenten im Betrieb, d. h. Komponenten mit Querschnittsänderung wird ein hoher Kontaminationsfaktor zugeordnet. Eine große innere Komponentenfläche führt ebenfalls zu einem hohen Kontaminationsfaktor K_{IF}.

Bild 3.6 zeigt als Ergebnisaussage von Kap. 3.2 die Gesamteinstufung von Komponentenarten bzgl. ihres Kontaminationsverhaltens in Versorgungssystemen.

REINSTGAS-VERSORGUNGS-KOMPONENTEN	KONTAMINATIONSFAKTOREN			
	K_{KU}	$K_{ÄSQ}$	K_{IF}	$K_{GES} = 1/3(K_{KU} + K_{ÄSQ} + K_{IF})$
Absperrarmaturen	●	●	●	●
Sicherheitsarmaturen	●	●	●	●
Druckregler	●	●	●	●
Massendurchflussregler	●	●	●	●
Rohre	◒	○	○	○
Formstücke	◒	○	◒	◒
Verbindungselemente	◒	○	○	○
Messarmaturen	○	○	○	○
Filter	○	○	●	○
LEGENDE	● HOCH	◒ MITTEL	○ GERING	

Bild 3.6: Kontaminationsfaktoren von Gasversorgungskomponenten

Aufgrund dieser Betrachtung erscheinen insbesondere Komponenten wie Absperrarmaturen, Sicherheitsarmaturen, Druckregler und Massendurchflußregler bezüglich ihrer Partikelgenerierung als kritisch.

Auch der Filter sollte einer kritischen Betrachtung unterzogen werden, zumal er oft als letzte Komponente vor dem Verbrauchsort eingesetzt wird. Ein Test, ob sich ein POU-Filter unter dynamischen Betriebsbedingungen eventuell von einer Partikelsenke hin zu einer Partikelquelle verändert, ist dringend notwendig.

Insbesondere auf die oben aufgeführten Komponenten muß das Prüfverfahren ausgelegt sein. Die anderen Komponenten sollten aber wenn möglich ebenso in das Prüfverfahren integriert werden können.

Um verwertbare Aussagen zu erhalten, muß die Prüfung eindeutige Partikelzahlen ermitteln, die ausschließlich dem Prüfobjekt zuzuordnen sind. Somit muß sichergestellt sein, daß der Prüfstand während des Betriebes keine oder, wenn vorhanden, eine bestimmbare Eigenkontamination aufweist, gut zu reinigen ist und die Messungen, dem geforderten Meßbereich entsprechend, in einer reinen Meßumgebung stattfinden.

3.4 Betriebsbedingungen in Reinstgasversorgungssystemen

Ein industriell einsetzbares Prüfverfahren für eine möglichst reale Simulation von im Betrieb auftretenden Beanspruchungen der Komponenten setzt die Kenntnis der Praxisbedingungen voraus. Basierend auf einer Analyse von zahlreichen Halbleiterfertigungen, entstand die Zusammenstellung von vorherrschenden Betriebsbedingungen:

Parameter	anteilig in Reinstgasversorgungssystemen vorzufinden					
	%		%		%	
Volumenstrom	60	1 - 10 m^3/h	35	10 - 500 m^3/h	5	500 - 4000 m^3/h
Druck	10	< 5 bar	60	5 - 10 bar	30	> 10 bar
Druckschwankungen	-	0	40	bis 3 bar	60	> 3 bar
Gasart	30	inert	40	toxisch	30	korossiv
Temperatur	5	<< RT	80	RT	15	>> RT
Strömungsgeschw.	10	< 5 m/s	50	5-10 m/s	40	> 10 m/s
Rohrdurchmesser	10	1/2 "	70	1/4 "	20	1/8 "
Ansteuerung (Ventile)	70	pneum.	10	elektrisch	20	manuell
Äußere Effekte	Vibrationen					
	Stöße					
	Wärmezufuhr					

Bild 3.7: Art und Größe von Betriebsparametern in Versorgungssystemen

Die in der Praxis auftretenden Betriebsparameter sollten durch das Prüfverfahren simuliert werden können, insbesondere die prozentual am häufigsten vorzufindenden Parameter (Bild 3.7).

3.5 Partikelmeßtechnik

3.5.1 Probenahme

Um eine repräsentative Probenahme durchführen und damit aussagefähige Meßergebnisse erzielen zu können, müssen bei der Probenahme folgende Kriterien erfüllt werden /75/:

- isokinetische Probenahme:

  Geschwindigkeit Probegasstrom = Geschwindigkeit Hauptgasstrom
- isoaxiale Probenahme:

  zentrische Ausrichtung einer Probenahmesonde gegen den Hauptgasstrom
- dünnwandige Sonden, um eine Beeinflußung der Strömung im Hauptgasstrom zu vermeiden.

Die Wahrscheinlichkeit, einen Partikel, dessen Reynoldszahl die Bedingung

$$\mathrm{Re}_v = \frac{v \cdot \rho_G \cdot D_P}{\mu_G \cdot} < 1 \tag{10}$$

erfüllt, durch eine Sonde zu erfassen, hängt von der Stokeszahl ab. Die Stokeszahl wird durch die Gleichung

$$Stk_v = \frac{C \cdot \rho_P \cdot v \cdot D_P^2}{18 \cdot \mu_G \cdot D_S} \tag{11}$$

wiedergegeben. Dabei kennzeichnet D_S den Durchmesser der Sonde.

Der im Falle einer anisokinetischen Absaugung auftretende Fehler in der Partikelkonzentration wird durch folgende, von Belyaev und Levin aufgrund umfangreicher experimenteller Untersuchungen gefundene empirische Abhängigkeit des Probenahmewirkungsgrades

$$\eta = 1 + \left(\frac{w}{v} - 1\right) \cdot \frac{2 \cdot \left(\frac{w}{v}\right) + 0{,}617}{\frac{1}{\mathrm{Stk}_v} + 2 \cdot \left(\frac{w}{v}\right) + 0{,}617} \tag{12}$$

beschrieben.

Bei einer kleinen Abweichung von der als Bedingung für eine repräsentative Probenahme genannten Isoaxialität zwischen Haupt- und Probenahmegasstrom verringert sich der Probenahmewirkungsgrad gemäß Fuchs (1964) zu

$$\eta = 1 - 4 \cdot \sin\left(\frac{\alpha}{\pi} \cdot Stk_v\right) \tag{13}$$

Einen weiteren Schwerpunkt bei der Analyse der Probenahme stellt die Betrachtung von Transportverlusten dar.

■ Transportverluste in Probenahmerohren

Wichtige Einflußgrößen auf den Durchdringungsgrad c_N/c_N^0 eines Probenahmerohres stellen in erster Linie das Rohrmaterial, der Rohrdurchmesser, die Partikelgröße und die Transportgeschwindigkeit /76, 77/ dar.

Der durch Brown'sche Diffusion von Partikeln zur Rohrwand und dort stattfindende Abscheidung bedingte Durchdringungsgrad wird durch die Gleichung

$$\frac{c_N}{c_N^0} = e^{\left(-\frac{4 \cdot L}{D_{Rohr}} \cdot \frac{u}{v}\right)} \tag{14}$$

wiedergegeben.

Die optimale Übertragungsgeschwindigkeit für 0,01 µm < D_P < 2 µm liegt eindeutig im turbulenten Bereich, hängt jedoch im Einzelfall noch zusätzlich vom Rohrdurchmesser D_{Sonde} ab. Die Transportverluste in Abhängigkeit von Partikelgröße und Probenahme sind in Bild 3.8 aufgelistet.

Transportverluste im Rohr; Wirkungsgrad der Probenahme		Größenordnung		
		Nukleations-modus 0,003...0,01...0,1 µm	Agglomera-tionsmodus 0,05...1...5 µm	Staub, Abrieb 0,1...10...100 µm
Transport	Knudsen-Zahl	>> 1	~ 1	<< 1
	Penetration im Rohr	2,4 %	0,02 %	0,0001 %
Einfluß der Absaugung auf den Wirkungsgrad der Probenahme	Anisoaxial	kein	gering	gering
	Anisokinetisch	kein	kein	gering
	Anisotherm	hoch	hoch	gering
* Abscheidung der mittleren Partikelgröße an der Rohrwand infolge Diffusionsbewegung bei einer Rohrlänge von 1 m und einer Durchflußmenge von 10 l Gas / min				

Bild 3.8: Transportverluste in Abhängigkeit von Partikelgröße und Probenahme

Obwohl aufgrund der oben beschriebenen Eigenschaften von Partikeln in Gasen Transportverluste im Probenahmerohr nicht vollständig vermeidbar sind /78,79/, können sie, basierend auf der durchgeführten Analyse, durch folgende Maßnahmen auf ein Minimum begrenzt werden:

- kurze, dünne Leitungen
- metallische oder geerdete Leitungen
- Rohr-Reynolszahl > 2800 (turbulenter Bereich)
- große Volumenströme
- Gas und Leitungen isotherm

3.5.2 Partikelzählung

Die in Kapitel 2.4 beschriebenen Verfahren zur Partikelzählung werden ihren Anwendungsfällen bzw. Einsatzgebieten zugeordnet:

- **Meßtechnik**

  Untersuchungen an Meßgeräten führten zu den in Bild 3.9 aufgeführten Klassifizierungen.

Geeignet für / Eigenschaften		Meßmethoden			
		Streulichtmethode		Kondensations-kernzählung drucklos	Auszähl-methode (Filter, Impaktor)
		unter Druck	drucklos		
Gase	inert	ja	ja	ja	ja
	toxisch	ja 1)	nein	nein	ja
meßbare Größenbereiche	einer	ja 2)	ja 2)	ja	ja
	mehrere	ja	ja	nein	bedingt
Möglichkeit kontinuierlicher Messungen		ja	ja	ja	nein
Meßbare Partikelgrößen [µm]		0,1 - 5	0,1 - 10	> 0,01	> 0,1
Probenahme-volumenstrom [Nl/min]		2,83	2,83/28,3	2,83	frei wählbar
Art der Probenahme		on-line	in-line	in-line	in-line

1) von Herstellern aus Haftungsgründen nicht zugelassen
2) durch Addition aller Einzelbereiche

Bild 3.9: Eigenschaften und Eignungen der einsetzbaren Meßmethoden

- **Ermittlung der Partikelgrößenverteilung:**

  Dafür sind optische Partikelzähler mit druckloser Probenahme besonders gut geeignet, da sie einen Größenbereich von 0,1 µm bis 5 µm erfassen und die Partikel den jeweiligen Größen zuordnen können.

- **Erfassen kleinster Partikel im Bereich von 0,01 µm bis 0,1 µm:**

  Für diese Aufgabe können ausschließlich Kondensationskernzähler (CNC) eingesetzt werden /71/.

- **Partikelzählung beim Einsatz von toxischen und korrosiven Gasen:**

  In diesem Fall werden nur unter Überdruck arbeitende Partikelzähler verwendet, da bei ihrer Anwendung ein geschlossenes System realisiert werden kann und deswegen keine gefährliche Gase austreten können /72/.

- **Überprüfung von Partikelzählern und die Analyse der Partikel nach ihrer chemischen Zusammensetzung:**

  Dazu verwendet man Rasterelektronenmikroskope (REM) in Verbindung mit EDX-Systemen /73, 74/.

3.5.3 Partikelanalyse

Mit der Partikelanalyse sollen Aussagen über die chemische Zusammensetzung eines Partikels getroffen werden können. In diesem Zusammenhang kommen Verfahren aus der Oberflächenanalyse in Frage /80/. Die grundsätzlichen, hier relevanten Unterschiede dieser Verfahren beziehen sich auf das Auflösungsvemögen, d.h. die minimal mögliche zu detektierende Partikelgröße und das chemische Auflösungsspektrum. Weiterhin ist die praktische Umsetzbarkeit, d.h. der Zeit- und Geräteaufwand für eine Analyse, eine Grundvoraussetzung für ein hier anzuwendendes Verfahren. Die Integrierbarkeit des Verfahrens in ein REM wäre wünschenswert, um gleichzeitig eine Partikelgrößen- und -anzahlbestimmung bzw. ein spezifisches Auswahlverfahren zu ermöglichen. Bild 3.10 vergleicht die verschiedenen Verfahren.

Verfahren	laterale Auflösung	detektierbare Elemente	praktische Umsetzbarkeit
SIMS Sekundärionen-Massenspektroskopie	1µm	alle	aufwendige Apparatur
AES Augerelektronen-Spektroskopie	0,05µm	> He	aufwendige Apparatur
EDX energiedispersive Röntgenstrahlanalyse	0,1µm	> Na (C)	in REM integrierbar, kurzes Verfahren
WDX wellendispersive Röntgenstrahlanalyse	0,1µm	alle	in REM integrierbar

Bild 3.10: Vergleich von Verfahren zur Partikelanalyse

Als praktikabelste Methode für die industrielle Anwendung kommt die energiedispersive (EDX) und die wellendispersive (WDX) Röntgenstrahlanalyse in Frage. Beide Techniken sind in Rasterelektronenmikroskope integrierbar und ermöglichen die chemische Partikelanalyse der erfaßten Partikel.

3.5.4 Erzeugung von Partikelaerosolen

Zur gezielten Beaufschlagung von Reinstgasversorgungskomponenten/ Teilsystemen mit Partikeln bzw. Aerosolen und zur Überprüfung der Größenzuordnung von Partikelzählern ist es erforderlich, Partikel in den Prüfaufbau einbringen zu können. In Bild 3.11 ist eine Übersicht einiger Verfahren und der damit erzielbaren Eigenschaften dargestellt.

Verfahren zur Partikel-generierung	Nahezu homogene Partikel-größe	Exakte hohe Aus-gabekon-zentration	Poly-disperse Partikel	Nahezu ideale Kugelform	Partikel-größen-bereich
Dispergieren von Feststoffen	○	○	●	○	ca. 1 bis 100 µm *
Dispergieren von ein- oder mehrkomp. Flüssigkeiten	● *	○	● *	◒	ca. 0,05 bis 100 µm *
Dispergieren von Suspensionen	●	○	○	●	ca. 0,05 bis 50 µm *
Kondensation nach Verdampfung	● *	○	● *	●	ca. 0,1 bis 10 µm *
Kondensation nach chemischer Reaktion	○	○	●	◒	ca. 0,01 bis 100 µm *
Legende	* Abhängig vom eingesetzten Material				
	● möglich	◒ bedingt möglich	○ nicht möglich		

Bild 3.11: Verfahren zur Erzeugung von Partikeln und wichtige Anforderungen

Keines der aufgeführten Verfahren kann als ideal bezeichnet werden. Das Erzeugen einer definierten und über längere Zeit konstanten Partikelkonzentration ist wegen der Schwankungen in der Ausgabekonzentration bei keinem Verfahren möglich. Die Auswahl eines zum Einsatz kommenden Verfahrens richtet sich nach den Forderungen wie Partikelgrößenbereich, Homogenität und polydisperse Partikelverteilung und muß von Fall zu Fall entschieden werden.

4 Anforderungen an das zu entwickelnde Prüfverfahren

Die Analysen in Kap. 3 zeigen den Bedarf an einem Prüfverfahren zur Beurteilung der Partikelkontamination von Reinstgasversorgungskomponenten, die in Betracht kommenden Prüfobjekte und die Eignung bzw. Grenzen der verfügbaren Meßtechniken auf.

Der Geltungsbereich des zu entwickelnden Prüfverfahrens ist in Bild 4.1 dargestellt.

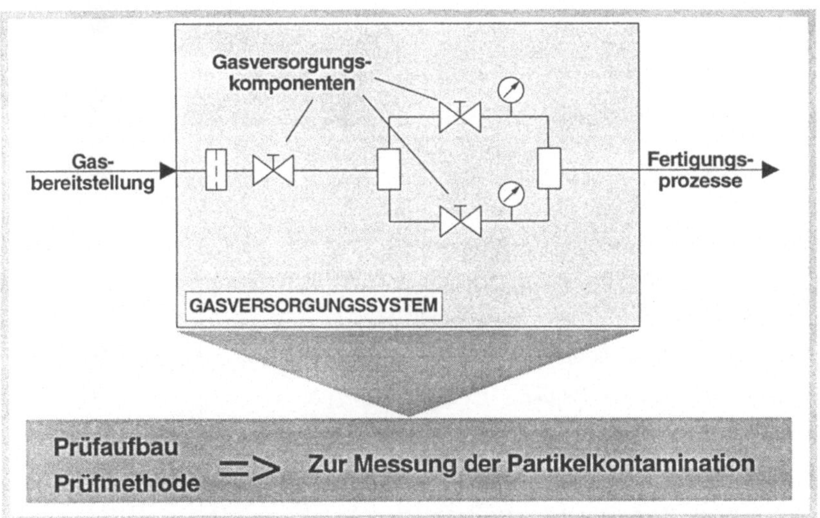

Bild 4.1: Geltungsbereich des zu entwickelnden Prüfverfahrens

Die Forderung an das Prüfverfahren ist, die Qualitätssicherung von der Gasbereitstellung (z.B.: Gastank, Gasflasche) bis zu den einzelnen Fertigungsprozessen in denen das partikelfreie Reinstgas zum Einsatz kommt zu unterstützen. Dies ist nur möglich, wenn es ein Prüfverfahren gibt, welches die Qualitätssicherung durchgängig schon bei der Entwicklung und Herstellung der einzelnen Gasversorgungskomponenten, bei deren Zusammenbau zum Reinstgasversorgungssystem sowie dann beim eigentlichen Betrieb beim Anwender begleitet und unterstützt.

Als Folgerung aus dem Stand der Technik und der Analyse lassen sich Anforderungen an die Prüfmethode und den Prüfaufbau ableiten. Eine Gewichtung ermöglicht die Unterscheidung in Forderung und Wunsch.

Anforderungen	Einfluß auf	
	Prüfmethode	Prüfaufbau
Industrielle Anwendung	●	●
standardisierbar	●	●
modularer Aufbau		●
Einsatz verschiedener Gase	○	
geringe Eigenkontamination des Prüfstandes		●
eindeutige Ermittlung der Partikelgenerierung des Prüfobjektes		●
effiziente Prüfzeiten	●	
Gasversorgungskomponenten, Systeme, Partikelzähler als Prüfobjekte integrierbar		○
Simulation von Betriebsbedingungen		●
Einbringung definierter Partikel		●
Messung bis zur Detektionsgrenze		○
reproduzierbare Ergebnisse	●	●
Ermittlung der Partikelgrößenverteilung	●	
Partikelanalyse		○
Legende: ● Forderung ○ Wunsch		

Bild 4.2: Anforderungen an Methode und Einrichtung zur Entwicklung des Prüfverfahrens

Die Analyse ergab die folgenden Bewertungskriterien:

- **industrielle Anwendung**

  Die Analyse der Anwenderzielgruppen des zu entwickelnden Prüfverfahrens zeigt, daß von Seiten der Industrie ein sehr stark praxisorientiertes Prüfverfahren gefordert wird.
  Die Einbindung in die Produktion von Komponenten oder in den Betrieb, bzw. die Montage von Reinstgasversorgungssystemen, läßt kein Verfahren zu, welches "wissenschaftliches" Personal und Laborausstattung erfordert. Eine wesentliche Forderung ist daher ein wissenschaftlich gesichertes Verfahren zu entwickeln und es an die industriell praktikablen Erfordernisse der Industrie anzupassen.

- **standardisierbar, modularer Aufbau**

  Um für das Prüfverfahren eine schnelle Akzeptanz in der Industrie zu erzielen, sowie die Vergleichbarkeit von Ergebnissen zu erreichen, müssen wesentliche Prüfabläufe und Prüfaufbauten standardisiert werden. Um die Flexibilität für die verschiedenen Einsatzbereiche sicherzustellen ist der Prüfaufbau modular zu gestalten.

- **Einsatz verschiedener Gase**

  Der Prüfaufbau sollte mit möglichst allen in der Praxis verwendeten Gasen betrieben werden können.

- **geringe Eigenkontamination des Prüfstandes**

  Um eine hinreichend niedrige Hintergrundkonzentration an Partikeln (Blindwert) zu erreichen, muß die Eigenkontamination des Prüfstandes niedrig und die Prüfstrecke gut reinigbar sein. Der Blindwert muß kleiner oder im Bereich der Detektionsgrenze liegen.

- **eindeutige Ermittlung der Partikelgenerierung des Prüfobjektes, effiziente Prüfzeiten**

  Das Prüfverfahren muß representative und statistisch abgesicherte Meßergebnisse sicherstellen und dies bei einer gleichzeitig minimalen Meßlänge um den industriellen Einsatz nicht zu gefährden.

- **Gasversorgungskomponenten, Systeme und Partikelzähler als Prüfobjekte integrierbar**

  Die wesentlichen Gasversorgungskomponenten, wie Ventile, Druckminderer, Filter sowie Gasversorgungssysteme / Teilsysteme und Partikelzähler sind mit möglichst einem Prüfaufbau zu untersuchen.

- **Simulation von Betriebszuständen**

  Die Prüfungen müssen unter möglichst realen Betriebsbedingungen vorgenommen werden. Volumenströme bis 500 m^3/h, Druckschwankungen bis 3 bar und Strömungsgeschwindigkeiten > 10 m/s sind im Prüfaufbau zu realisieren.

- **Messungen bis zur Detektionsgrenze**

  Bei drucklosen Messungen müssen Partikel ab 0,05 µm detektiert werden können, bei Messungen unter Druck Partikel ab 0,1 µm.

- **reproduzierbare Ergebnisse**

  Die Prüfabläufe müssen bezüglich der Gewährleistung richtiger Meßergebnisse und ihrer statistischen Sicherheit überprüft werden.

- **Ermittlung der Partikelgrößenverteilung**

  Um den unterschiedlichen Anforderungen der Anwender an den Detailierungsgrad der Partikelmeßergebnisse gerecht zu werden, muß je nach Prüfung eine Partikelgrößenverteilung aufgenommen werden können.

- **Partikelanalyse**

  Zur exakten Definition der Partikelherkunft ist eine Partikelanalyse notwendig. Sie ermöglicht Partikelquellen zu lokalisieren und darauf folgend zu beseitigen.

Die Entwicklung des zu realisierenden Prüfverfahrens erfolgt durch die Umsetzung dieser Analyseergebnisse und basiert auf den von Anwendern und Betriebsbedingungen gestellten Anforderungsprofilen.

Das Prüfverfahren besteht aus einer Prüfeinrichtung und einer Prüfmethode. Beide Teile werden parallel entwickelt und durch geeignete iterative Optimierung aufeinander abgestimmt. Dabei werden zunächst jeweils universell geeignete Basiskonzepte erarbeitet und anschließend durch komponentenspezifisch durchgeführte Adaptation an konkrete Prüfaufgaben angepaßt.

Obwohl in Detaillierungsstufen das Prüfverfahren nur durch ganzheitliche Betrachtung weiterentwickelt werden kann, wird aus obengenannten Gründen die Anlagenentwicklung vor der Methodenentwicklung beschrieben.

5 Entwicklung der Prüfaufbauten

5.1 Basisprüfaufbauten

Im zu entwickelnden Prüfverfahren soll das Ergebnis einer Objektprüfung eine Aussage über das Kontaminationsverhalten des Prüfobjektes ermöglichen, d.h. die Partikelanzahl, die Partikelgrößenverteilung und das Kontaminationszeitverhalten des Prüfobjektes müssen ermittelt werden. Um eine eindeutige Zuweisung der Meßergebnisse auf das Prüfobjekt zu ermöglichen und um etwaige ergebnisverfälschende Fehlerquellen in der Prüfsystemumgebung der Komponente egalisieren zu können, müssen diese Parameter vor und nach der Komponente ermittelt werden. Verschiedene Meßprinzipien lassen sich aufgrund dieser Anforderung ableiten.

a) **Zeitgleiche Differenzmessung**
Während des Prüfvorgangs befindet sich vor und nach dem Prüfobjekt ein Partikelzähler. Am Ausgang des 1. Partikelzählers wird das Prüfobjekt direkt angeschlossen. Das Prüfgas wird vor der Prüfkomponente vom 1. Partikelzähler gemessen und nach Durchströmen der Prüfkomponente vom 2. Partikelzähler gemessen. Über den Vergleich beider Werte kann die Partikelgenerierung der Prüfkomponente ermittelt werden.

b) **Nahezu zeitgleiche Differenzmessung mit Multiplexer vor dem Prüfobjekt**
Das Prüfgas wird vor dem Prüfobjekt in einen Umschalter (Multiplexer) geleitet und dort nach Bedarf an dem Prüfobjekt vorbei oder durch das Prüfobjekt hindurch in den Partikelzähler.

c) **Zeitverschiedene Differenzmessung**
Der Blindwert des Meßaufbaus wird vor dem Einbau des Prüfobjektes gemessen und danach erst der Prüfling eingebaut. Während des eigentlichen Prüfablaufs wird nur die aus der Prüfkomponente austretende Partikelkonzentration gemessen. Diese Methode erfordert über den gesamten Meßablauf einen konstanten Blindwert des Meßaufbaus.

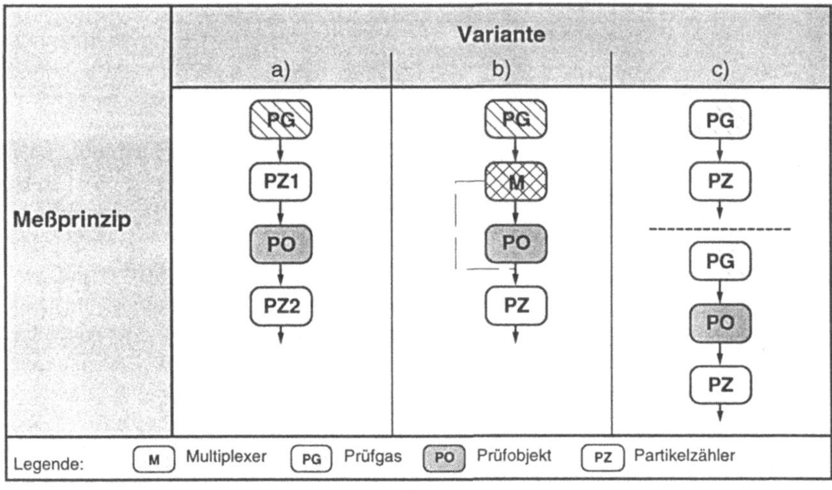

Bild 5.1: Vergleichsanalyse von Meßprinzipien zur Bestimmung des Partikeleintrages durch das Testobjekt

Die Untersuchungen dieser drei Basisaufbautypen auf ihre Verwendung als Prinzipaufbau für das hier zu entwickelnde Prüfverfahren ergaben, daß in drucklosen und in Drucksystemen die **zeitverschiedene Differenzmessung** mit einem Meßgerät den anderen Varianten überlegen ist. Die Entwicklung der Prüfeinrichtung stützt sich somit ausschließlich auf dieses Meßprinzip. In Bild 5.2 sind die hier relevanten wichtigsten Ergebnisse der Untersuchung, bezogen auf die einzelnen Verfahren, dargestellt.

a) zeitgleiche Differenzmessung	
Vorteile:	- schnellste Prüfzeit der 3 Verfahren realisierbar, da die Blindwertaufnahme des Systems gleichzeitig mit der Meßaufnahme der Komponente erfolgen kann; - nur der Komponentenein- und -ausbau ist als aktiver Eingriff in die Prüfkette erforderlich;
Nachteile:	- Untersuchungen zeigten, daß nur in einem stark eingeschränkten Bereich Betriebsparameter simuliert werden kann; - Vergleichsmessungen zeigten teilweise starke Differenzen der 2 baugleichen Partikelzähler; - drucklose Partikelzähler können nicht als 1.PZ eingesetzt werden, Druckpartikelzähler haben den Nachteil, daß nur Partikel im Bereich > 0,2 µm detektiert werden können und daß der Gasabstrom des Partikelzählers kontaminiert ist; - diese Lösung ist bei weitem die teuerste, da 2 Meßgeräte notwendig sind;
b) nahezu zeitgleiche Differenzmessung	
Vorteile:	- aussagekräftigere Meßergebnisse als bei a), da keine Partikelzählerkorrelation nötig; - billiges System im Vergleich zu a); - einfachste Handhabung;
Nachteile:	- Systemelement Multiplexer muß als potentielle Kontaminationsquelle angesehen werden, da kein statisches Element - instabiler Blindwert; - durch eine Betätigung des Multiplexers kann eine ungewollte Druckwelle initiiert werden und somit auch andere Systemkomponenten zu Kontaminationsquellen wandeln oder ungewollten Einfluß auf das Prüfobjekt ausüben;
c) zeitverschiedene Differenzmessung	
Vorteile:	- genaueste Meßergebnisse realisierbar, da keine Partikelzählerkorrelation erfolgt (a) PZ1 - PZ2) und keine Systemelemente, die ein potentielles Kontaminationsverhalten haben, betätigt werden müssen (b) Multiplexer); - billiges System im Vergleich zu a)
Nachteile:	- zeitaufwendigste Meßmethode, da Systemblindwert und Meßaufnahme der Komponente nacheinander erfolgen;

Bild 5.2: Bewertung der Meßprinzipien

5.2 Entwicklung der Teilmodule

Der zu entwickelnde Prüfaufbau wird zunächst funktionsbedingt in drei Module unterteilt (siehe Bild 5.3):

- Modul Gasaufbereitung
- Modul Komponentenaktivierung
- Meßtechnikmodul.

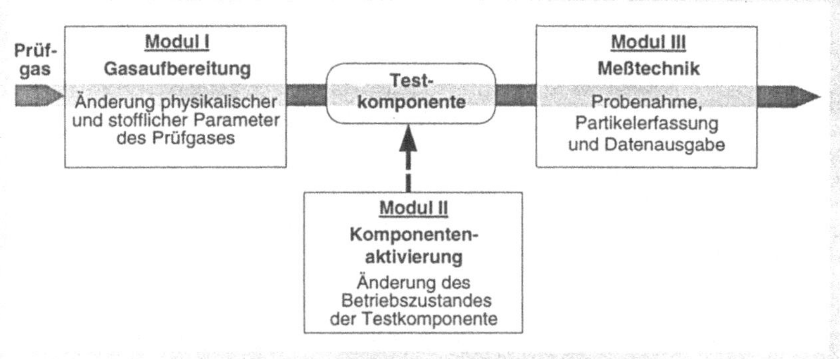

Bild 5.3: Ausgangsmodell des Basisprüfaufbaus mit Aufschlüsselung der Eingangsgrößen auf die Testkomponente

Damit die Meßergebnisse einerseits aussagefähig, d. h. eindeutig und reproduzierbar sind und andererseits von den Herstellern bzw. Betreibern von Reinstgasversorgungssystemen verwertet werden können, müssen die im Praxisbetrieb herrschenden Bedingungen simuliert werden. Deswegen ist es wichtig, die wichtigsten Einflußgrößen für das Kontaminationsverhalten, z. B. Druck, Volumenstrom usw., bei der Konzeption des Prüfaufbaus zu berücksichtigen. Der zu realisierende Prüfaufbau muß durch die Module Gasaufbereitung und Komponentenaktivierung die Möglichkeit bieten, die physikalischen und stofflichen Parameter zu ändern, um somit die Testkomponente bei verschiedenen Betriebszuständen untersuchen zu können.

5.2.1 Modul Gasaufbereitung

Die Aufgabe des Moduls Gasaufbereitung ist die Bereitstellung des Prüfgases in einer definierten Qualität mit reproduzierbar einstellbaren physikalischen Parametern um ähnliche Bedingungen zu gewährleisten, wie sie in der Praxis in installierten Gasversorgungssystemen vorherrschen.

Prüf-komponenten	"Null-Partikel" Gas beaufschlagen	definierte Partikel-beaufschlagen	Druck-schwankungen / -stöße	Änderung der Strömungs-geschw.
aktive Komp.	●		●	
Passive Komp.		●	●	
Filter			●	
Gesamtsystem				●
Partikelzähler	●	●		

Bild 5.4: Ausgewählte Aufgaben des Gasaufbereitungsmoduls

Die wichtigsten Aufgaben des Gasaufbereitungsmodules (s. Bild 5.4), wie Bereitstellung eines "Null-Partikel" Gases, die definierte Partikelbeaufschlagung, das Einleiten von Druckschwankungen sowie die Änderung der Strömungsgeschwindigkeit lassen sich den verschiedenen Prüfkomponentenfamilien zuordnen.

5.2.1.1 Auswahl des Prüfgases

Aufgrund der zu erwartenden großen Zahl an Partikelmessungen besitzt die Wahl des Prüfmediums im Hinblick auf die angestrebte Wirtschaftlichkeit des Meßverfahrens eine große Bedeutung. Für die Anwendung als Prüfgas wurden Stickstoff, Argon und Reinstdruckluft untersucht.

AUSWAHLKRITERIEN	PRÜFGASE		
	Stickstoff	Reinstdruckluft	Argon
Gesamtkohlenwasserstoff	< 0,1 ppm	1,8 ppm	< 0,1 ppm
Feuchte	0,1%	1%	0,1%
Partikel, gemessen an Komponente	≈1	≈1	≈1
Preis des Gases pro m³ (Rohstoff- und Betriebskosten)	2x	x	2x

Bild 5.5: Vergleich geeigneter Prüfgase

Der Vergleich (siehe Bild 5.5) ergab, daß die Partikelreinheit am P.O.U. nahezu konstant war. Der höhere Gesamtkohlenwasserstoff bei der Reinstdruckluft ließ keinen Einfluß auf das partikuläre Kontaminationsverhalten erkennen. Aus diesem Grund wurde für alle weiteren Messungen Reinstdruckluft verwendet. Um im weiteren Verlauf der Untersuchungen ständig diese hohe Gasqualität sicherzustellen, wurden regelmäßige Überprüfungen vorgenommen. Reinstdruckluft (getrocknet, ölfrei, sowie über mehrere Vor- und Feinstfilter gereinigt) stand mit einem Systemdruck von 10 bar zur Verfügung. Für Messungen bei denen ein höherer Systemdruck notwendig war wurde partikelarmer Reinststickstoff aus Gasflaschen eingesetzt.

Grundsätzlich können bei dem Prüfverfahren Reinstdruckluft als auch alle Inertgase als Prüfgas eingesetzt werden. Es ist darauf zu achten, daß die Qualität des Prüfgases, wie stabile physikalische und chemische Parameter, konstant bleibt.

Korrosive und toxische Gase sollten aus Sicherheitsgründen nicht eingesetzt werden. Eine Ausnahme stellt hier die Partikelmessung in installierten Gasversorgungssystemen für diese Gase dar.

5.2.1.2 Sicherstellung der Basisparameter des Prüfgases

Die Basisparameter des Prüfgases sind Druck, Temperatur und Volumenstrom. Diese Parameter müssen variabel einstellbar sein. Inwieweit eine Parameteränderung sich auf das Partikelverhalten auswirkt wurde in vielen Versuchen an verschiedenen Komponenten untersucht.

Es zeigte sich keine qualifizierbare Änderung des Partikelverhaltens bei einer Druckänderung im in der Praxis vorherrschenden Druckbereich. **Druck** ist ein statischer Parameter und hat aus diesem Grund keinen signifikanten Einfluß auf Partikelablöse- oder -transportmechanismen in dem hier relevanten Druckbereich.

Der dynamische Parameter **Strömungsgeschwindigkeit** beeinflußt aufgrund der Impulsübertragung das Partikelverhalten. In Bild 5.6 wird das Ergebnis einer Untersuchung des Partikelverhaltens bei unterschiedlichen Strömungsgeschwindigkeiten im Partikelbereich > 0,1 µm qualitativ dargestellt. Untersucht wurde hier das Verhalten eines Faltenbalg- und eines Membranventils. Tendenziell ergibt sich dieser Verlauf für fast alle Komponentenarten und Partikelgrößenbereiche wie aus zahlreichen Untersuchungen hervorgeht. Die Notwendigkeit einer Standardisierung der Strömungsgeschwindigkeit um vergleichbare Aussagen treffen zu können wird hier deutlich. Der übliche Einstellwert in Systemen aus der Praxis ist 6 bis 8 m/s.

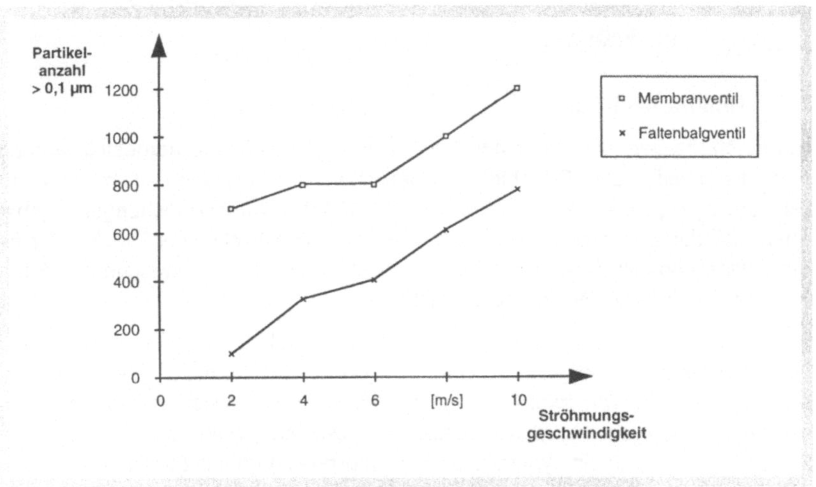

Bild 5.6: Partikelverhalten bei unterschiedlichen Strömungsgeschwindigkeiten eines Membran- und Faltenbalgventils

Temperaturänderungen in normalen Prüfumgebungen von 18°C - 24°C zeigten keinen signifikanten Einfluß auf das Partikelverhalten der Prüfkomponenten. Um hier jedoch sicher zu gehen sollte bei Meßreihen die **Temperatur** des Prüfgases konstant gehalten werden.

Um den Kontaminationseinfluß des Prüfaufbaus auf die Messungen vernachlässigbar klein zu halten sind zur Regelung und Messung der oben aufgeführten Parameter Komponenten (Absperrventil und Druckminderer), mit höchsten Reinheitsanforderungen zu verwenden.

5.2.1.3 Interne Komponentenaktivierung durch das Prüfgas

Interne Komponentenaktivierung bedeutet, daß versucht wird, das Partikelverhalten der Komponente durch eine Änderung im Prüfgasstrom zu messen. Diese Art der Aktivierung simuliert praktische Einsatzbedingungen und kann somit eine praxisgerechte Prüfung sicherstellen.

Interne Komponentenaktivierung erfolgt durch Druckimpulse des Prüfgases, die über das Öffnen / Schließen eines Taktventil aufgegeben werden können. Diese Aktivierungsart wird bei passiven Komponenten, Filtern und Druckminderern eingesetzt.

5.2.1.4 Bereitstellung einer definierten Partikelkonzentration im Prüfgas

■ **Null-Partikel-Gas**

Nur durch die Bereitstellung eines Null-Partikel-Gases kann sichergestellt werden, daß die nach dem Prüfobjekt gemessenen Partikelzahlen nicht aus der Gasversorgung stammen. Dazu durchgeführte Voruntersuchungen geben Aufschluß darüber, daß die Erzeugung eines Null-Partikel-Gases, in dem für die Entwicklung des Prüfverfahrens interessanten Partikelbereich zwischen 0,05 und 10 µm im stationären Betrieb möglich ist.

Hier kann die Bereitstellung von Null-Partikelgas durch Einbau von Reinstgasfiltern sichergestellt werden. Um die doppelte Sicherheit zu gewährleisten, werden zwei Filter verwendet. Im dynamischen Systembetrieb ist ein Null-Partikelgas kaum zu realisieren. Deshalb muß, bei dynamischem Systembetrieb, auch ein dynamischer Systemblindwert ermittelt werden. Durch die dabei ermittelte Systemeigenkontamination bei dynamischem Betrieb, kann das tatsächliche Partikelverhalten des Prüfobjektes ermittelt werden durch Bereinigung der Prüfergebnisse um den Systemblindwert.

■ **Partikelbeaufschlagung**

Die Gesamtthematik der Partikelgenerierung und Partikelbeaufschlagung ist nur schwierig industriell umsetzbar. Die Reproduzierbarkeit von Untersuchungen und die allgemeingültige Aussagefähigkeit von Ergebnissen unter Beachtung aller Randbedingungen sind nur bedingt realisierbar. Die aktuelle Forschung beschäftigt sich jedoch im Moment mit diesen Problematiken, so daß eine Lösung für die einfache industrielle Anwendung in Sicht ist. In diesem Zusammenhang soll soweit auf dieses Thema eingegangen werden, um dieses Verfahren bedingt anwendbar zu machen und eine Ausbaufähigkeit zu garantieren.

Um das Freispülverhalten von Komponenten sowie den Abscheidegrad von Filtern zu bestimmen, ist das Einbringen von erhöhten und "definierten" Partikelkonzentrationen notwendig. In Bild 3.10 sind die Möglichkeiten der definierten Partikelgenerierung aufgelistet. Ein weiterer Einsatz der Partikelbeaufschlagung ist die Überprüfung der eingesetzten Partikelzähler.

Das tatsächlich durch die Partikelbeaufschlagung verursachte Komponentenverhalten (Freispülverhalten, Abscheidegrad, etc.) soll realistisch, meßbar und bewertbar sein.

Um eine realistische Verteilung der eingebrachten Partikel im unter Druck bereitgestellten Prüfgas erreichen zu können, muß die Injektion des Aerosols isoaxial, isokinetisch und unter Beachtung des Agglomerationsverhaltens der einzubringenden Partikel realisiert werden. Beim weiteren Leitungsverlauf nach dem Ort der Einbringung muß beachtet werden, daß Leitungskrümmungen sich negativ auf die homogene Partikelverteilung auswirken. Damit genaue Aussagen über das spezifische Verhalten des Prüfobjektes bei Partikelbeaufschlagung möglich sind, sind, z.B. über einen Bypass, die Partikelgrößen, die Partikelkonzentration und das Partikelzeitverhalten direkt vor dem Prüfobjekt, zeitgleich mit der eigentlichen Prüfung zu messen.

5.2.2 Modul Komponentenaktivierung

Das Modul zur Komponentenaktivierung muß sicherstellen, die Prüfkomponente mit reproduzierbaren Aktivitäten von außen zu stressen und somit ähnliche wie im Betrieb auftretende Zustände zu simulieren. Im Gegensatz zur inneren Komponentenaktivierung (s. Kap. 5.2.1.3) werden hier die Änderungszustände außerhalb des Prüfgasstromes aufgegeben.

Prüf-komponenten	Betätigung	äußere Vibrationen	Stöße	Temperatur-erhöhung
aktive Komp.	●			
Passive Komp.		●	●	●
Filter			●	●
Gesamtsystem	● 1)	● 1)	● 1)	● 1)
Partikelzähler		●	●	●

1) punktuell, gezielt

Bild 5.11: Die wichtigsten in den Prüfaufbau zu integrierenden Aktivierungsmaßnahmen sowie der Bezug zu Prüfkomponenten

5.2.2.1 Betätigung aktiver Prüfkomponenten

Vorversuche zeigten, daß die Betätigung aktiver Komponenten in der Regel hohe Partikelzahlen verursachen. Die Generierung von Partikeln aufgrund von Reibung und Deformation sowie die bei Betätigungen einhergehende Ablösung der Partikel durch Druckstöße und sich verändernder Strömungsgeschwindigkeit sind dafür verantwortlich.

Im Falle, daß nicht diese einzelnen Phänomene untersucht werden sollen, sondern in Meßreihen an Prüfobjekten vergleichbare reproduzierbare Ergebnisse benötigt werden, sind wesentliche Parameter konstant zu halten.

Bild 5.11 zeigt einen Prüfaufbau mit dem der Einfluß des Ansteuerdruckes von pneumatisch angesteuerten Ventilen auf die Schließzeit (Bild 5.12) und diese wiederum auf die Partikelgenerierung (Bild 5.13) nachgewiesen wurde.

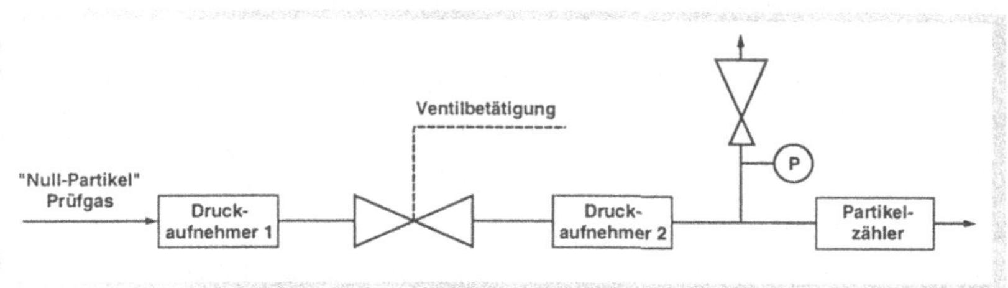

Bild 5.11: Prüfaufbau zur Untersuchung der Schließzeiten und der Partikelgenerierung von Pneumatikventilen in Abhängigkeit des Ansteuerdruckes

Ansteuer-druck	Druckverlauf	Öffnen des Ventils $t_0 - t_1$	Schließen des Ventils $t_1 - t_2$
6 bar		0,1 s	0,006 s
2,75 bar		0,1 s	0,053 s

Bild 5.12: Schließzeiten bei unterschiedlichen Ansteuerdrücken, gemessen mit Druckaufnehmer 1

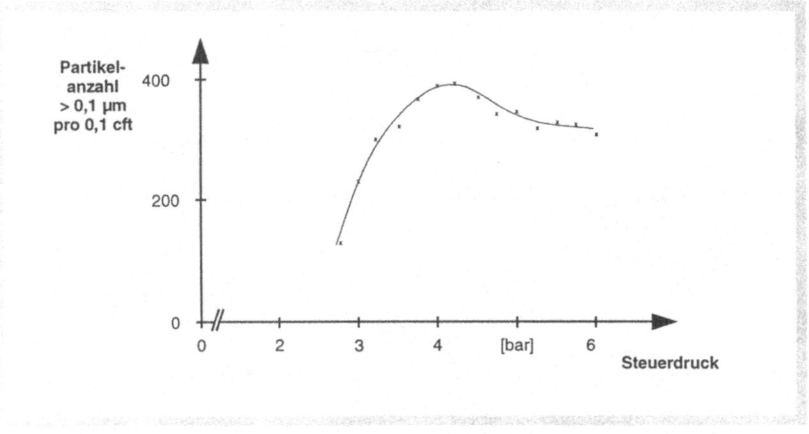

Bild 5.13: Partikelgenerierung in Abhängigkeit steigender Ansteuerdrücke

Um die notwendige Reproduzierbarkeit der Messungen sicherzustellen, ist eine automatisierte Betätigung von aktiven Prüfobjekten sowie eine automatisierte Meßwerterfassung notwendig. Für die automatische Betätigung von elektrisch und pneumatisch angesteuerten Ventilen und Handventilen wurden speziell auf die Anforderungen abgestimmte Automatisierungskomponenten entwickelt. Eine automatische Takteinheit erlaubt das Einstellen von variablen Taktfrequenzen und Schließ- und Öffnungszeiten von 0,1 Sekunden bis 10 Minuten. Für pneumatisch angesteuerte Reinstgasventile ist hierzu noch eine exakte Druckluftregelung notwendig. Der gesamte Meßablauf wurde in den Rechner programmiert und über diesen auch die Takteinheit und der Partikelzähler angesteuert, so daß Partikelzähler und Takteinheit synchron arbeiten. Bild 5.14 zeigt den schematischen Meßaufbau.

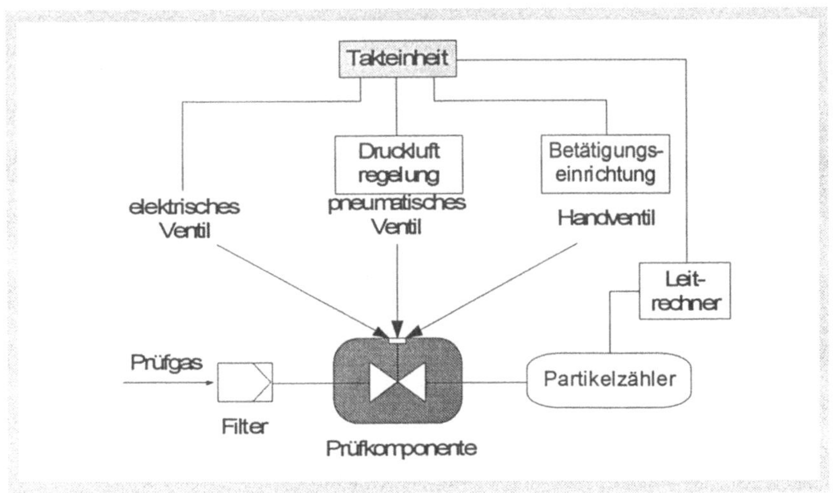

Bild 5.14: Schematischer Meßaufbau

Die entwickelte automatisierte Betätigungseinrichtung für Handventile ermöglicht operatorunabhängiges reproduzierbares Öffnen und Schließen von Handventilen oder Druckminderern. Bild 5.15 zeigt die automatische Betätigungseinrichtung für Handventile.

Bild 5.15: Automatische Betätigungseinrichtung für Handventile

Um in Meßreihen vergleichbare Ergebnisse sicherzustellen sind Parameter wie Ansteuerdruck, Schließgeschwindigkeit und Taktfrequenz exakt gleich zu halten. Ein Nichtbeachten führt zu eventuell starken Einflüssen auf die Partikelgenerierung. Bei der Optimierung von Betriebspunkten von Komponenten sollte dieser Zusammenhang genutzt werden um für den optimalen Betrieb, d.h. möglichst geringster Partikelerzeugung, die idealsten Betriebsparameter zu finden.

5.2.2.2 Vibrationen, Stöße und Temperaturerhöhungen

Die Erzeugung von Schwingungen an dem Prüfobjekt wird mit handelsüblichen Schwingungsgebern vorgenommen, welche am Prüfobjekt angebracht werden. Recherchen ergaben, daß in der Praxis normalerweise Störfrequenzen hauptsächlich im Bereich zwischen 10 und 100 Hz auftreten.

Einen Einfluß der Temperatur auf das Partikelverhalten konnte durch verschiedene Untersuchungen nur in hohen Temperaturbereichen festgestellt werden. Bild 5.16 zeigt das Verhalten von verschiedenen Filtern bei einer schnellen Temperaturerhöhung des Filter auf 150°C, Beibehalten der Temperatur für 50 Minuten und einer anschließenden Abkühlung. Tendenziell kann dieses Verhalten auf fast alle Komponentenarten übertragen werden. Es ist darauf zu achten, daß die Wärmequelle möglichst nur die Prüfkomponente manipuliert, um Einfluß von zusätzlicher Partikelgenerierung durch den Prüfaufbau zu verhindern. Die Erhöhung der Komponententemperatur erfolgt durch handelsübliche regelbare Heizelemente. Sie sind komponentenspezifisch auszuwählen/anzupassen und werden hier nicht näher beschrieben. Für Untersuchungen an Reinstgasfiltern wurde ein elektrisches Heizband verwendet. Dieses wurde um das jeweilige Filtergehäuse gewickelt.

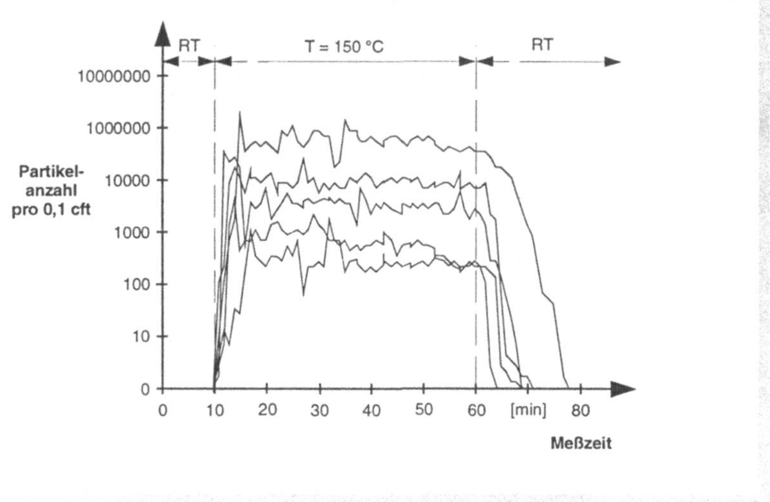

Bild 5.16: Prinzipielles Temperaturverhalten verschiedener Filter bei Temperaturänderung

Die hier angesprochenen Störeinflüsse erfordern insbesondere bei Reinstgasfiltern höchste Beachtung. Selbst im stationären Fall einwandfrei arbeitende Filter gaben unter dem Einfluß von Stößen (5 N), Vibrationen (50 Hz) und Temperaturerhöhungen (30 - 120 °C) teilweise extrem Partikel ab. Da in der Praxis nicht selten diese Störeinflüsse auftreten, wie z.B. in Prozeßgeräten oder in langen Versorgungssystemen, sind hierzu noch wesentliche Untersuchungen von Herstellern und Anwendern durchzuführen.

5.2.3 Modul Meßtechnik

Das Modul Meßtechnik wird unterteilt in Probenahme und Meßgerät, bzw. Partikelanalyse. Es muß sicherstellen, daß alle geforderten Parameter wie Partikelgröße, Partikelgrößenverteilung und das Kontaminationszeitverhalten gemessen werden können. Weiterhin dürfen keine Meßwertverfälschungen durch das Modul verursacht werden.

5.2.3.1 Probenahme

Die entwickelten technischen Lösungen zu den durch Strömungsmechanik, Wärmelehre und Partikelphysik (siehe Kap. 3.2.1) gegebenen Anforderungen an ein Probenahmesystem besitzen aufgrund der Vielschichtigkeit dieser physikalischen Zusammenhänge einen großen Einfluß auf die Qualität des Meßergebnisses.

Untersuchungen hinsichtlich ihrer Eignung für die Praxis sowie ihrer Einsatzgrenzen wurden an Probenahmesystemen für drucklos ansaugende Partikelzähler sowie -ohne Probenahmesystem- an einem Drucksensor durchgeführt.

Konkret wurden dabei die Eigenschaften bzw. Empfindlichkeiten in bezug auf folgende Aspekte untersucht:

Eigenkontamination:	- in Abhängigkeit vom Betriebszustand
	- in Abhängigkeit vom Gerätezustand
	- in Abhängigkeit von der Gasart
Freispülung:	- erzielbarer Blindwert
Übertragungsverhalten:	- Einfluß des Niveaus der Partikelkonzentration
	- Zeitverhalten (Charakteristik)
	- Feuchtigkeitseinflüsse bei der Entspannung
	- Impaktion und Penetration von Partikeln

Insbesondere wurde auf die die Geometrie der Probenahmestrecke limitierenden Aspekte des Übertragungsverhaltens eingegangen. Während die Wahl der Art des Probenahmesystems vorwiegend durch den spezifischen Einfluß des Konzentrationsniveaus der Partikel sowie dem Verhalten gegenüber Strömungsparameter des Hauptgasstromes bestimmt ist, sind Längen, Durchmesser und Führung der Probenahmeleitungen (incl. des Gasentspannungsmoduls) an ein zulässiges Ausmaß von Impaktion und Penetration von Partikeln sowie der die Meßwerte deformierenden Zeitcharakteristik des Systems anzupassen. Das Ergebnis von Messungen über die besondere Eignung von Probenahmesystemen, insbesondere bezüglich Freispülzeit und Robustheit gegenüber Betriebszustandsänderungen zeigt Bild 5.17.

Probe-nahme-system	Partikel-messung	Anwendungs-möglichkeiten und Partikelgrößenbereiche	Einsatzgrenzen	Handhabung
Ausgleichs-gefäß aus Glas	guter Blindwert möglich, kurze Freispülzeit	bei niedrigen und hohen Konzentrationen; bei instationären und stationären Strömungen < 0,1 µm ... P(x1)	ohne Filtereinrichtung nur im Reinraum	einfach, zerbrechlich
Kapillar-diffusor	hoher Blindwert trotz langer Spülzeit	bei stationären Strömungen und größeren Partikeldurchmessern im Druckbereich von 1,4 - 6 bar 0,5 µm ... 5 µm(x2)	durch schlechte Spüleigenschaften ungeeignet bei wiederholt starken Verschmutzungen	einfach bei Beachtung der Volumen-ströme
Kapillar-diffusor anpaßbar	gute Blindwerte möglich bei entsprechend guter Reinigung	siehe Kapillardiffusor 0,1 µm ... 5 µm(x2)	eingeschränkte Möglichkeiten durch begrenzte Anzahl von Proberohren	relativ umständlich durch Auswahl der Proberohre
Stoßdiffusor	in höheren Druckbe-reichen gute Blindwerte erreichbar	bei stationären Strömungen; im Druckbereich von 1,4 - 10,5 bar (0,1)0,5 µm ... 5 µm(x2)	trotz guter Spül-eigenschaften weniger zur Komponenten-qualifizierung geeignet	siehe Kapillar-diffusor
Entspannung durch Ventil	gute Blindwerte erreichbar	bei stationären Strömungen bis in den Hochdruckbereich < 0,1 µm ... P(x1)	Einschränkungen durch Ventil-eigenschaften	schwierig, da genaue Volumen-stromeinstel-lung nötig
Druck-messung	gute Blindwerte, kurze Spülzeiten	auch außerhalb des Reinraumes; instationäre und stationäre Strömung; bestimmte Geräte auch für korrosive Gase 0,1 µm ... P(x1)	Systemdruck 2 - 7 bar	sehr einfach

((x1)...begrenzt durch Partikelzähler; (x2) ...begrenzt durch Impaktion (Trägheitsabscheidung))

Bild 5.17: Probenahmearten und Einsatzbereiche

Für das hier zu entwickelnde Prüfverfahren ist bei druckloser Partikelmessung als Probenahmesystem ein Ausgleichssgefäß aus Glas am geeignetsten. Die größtmögliche Flexibilität bezüglich stationärer oder instationärer Strömung und Partikelgrößenbereich bietet dieses System. Es muß jedoch darauf geachtet werden, daß die Gefahr der Rückdiffusion ins Gefäß besteht. Durch einen Einsatz im Reinraum oder durch Anbringen eines Filters kann dieser kritische Punkt umgangen werden. Weiterhin ist bei Beaufschlagung mit hohen Anzahlkonzentrationen darauf zu achten, daß eine anschließende Reinigung erfolgt, da das Freispülverhalten nach hoher Partikelbeaufschlagung nicht sehr vorteilhaft ist.

Bedingt durch Zeitcharakteristik von Probenahmesystemen sind Ergebnisse statistischer Meßreihenauswertungen selbst bei Kenntnis aller geometrischen Daten nicht auf modifizierte Probenahmesysteme übertragbar.

Durchgeführte Untersuchungen ergaben, daß der Druckverlauf nicht nur der Prüfkomponente, sondern auch von den Abmessungen des Prüfstandes und dem Leitungsmaterial abhängt. Der Druckverlauf wird zwar von der Prüfkomponente beeinflußt, sein Aussehen aber ist immer für das ganze System gültig. Deshalb ist vor Beginn der eigentlichen Messung eine genaue Festlegung der Abmessungen und der Werkstoffe des Prüfstandes nötig. Um die Änderungen auf ein Minimum zu begrenzen, ist es empfehlenswert, möglichst enge und kurze Leitungen zu verwenden.

5.2.3.2 Meßgerät

Zur industriellen Anwendung in der Partikelmessung in Gasen Im Größenbereich > 0,1 µm kommen in erster Linie optische Partikelzähler mit druckloser Probenahme oder einer Probenahme unter Druck in Betracht. Für das hier zu entwickelnde Prüfverfahren werden optische Partikelzähler mit druckloser Probenahme eingesetzt.

Die Partikelzähler mit druckloser Probenahme sind gegenüber den Partikelzählern mit einer Probenahme unter Druck wesentlich unempfindlicher gegenüber Druckschwankungen, bzw. Druckstößen, wie sie bei verschiedenen Prüfabläufen vorkommen. Weiterhin haben Partikelzähler mit druckloser Probenahme einen größeren Meßbereich (ca. 0,1 - 10 µm) wie Partikelzähler mit einer Probenahme unter Druck (ca. 0,1 - 5 µm). Die Vorteile der Partikelzähler mit einer Probenahme unter Druck liegen in stationären Anwendungen, bzw. Anwendungen mit stationären oder einfach zu schaffenden stationären Bedingungen, die die vom Partikelzähler geforderten Randbedingungen erfüllen. Die aufwendigere und anspruchsvollere drucklose Probenahme wird jedoch gerechtfertigt durch eine wesentlich höhere Flexibilität in der Anwendung und einer störungsunempfindlicheren und somit genaueren Messung.

Zur Messung von Partikelgrößen > 0,01 µm werden Kondensationskernzähler (drucklose Probenahme) verwendet. Für die industrielle Anwendung in einem Partikelgrößenbereich < 0,1 µm ist die Kondensationskernzählmethode die praktikabelste.

Prinzipiell haben zahlreiche Untersuchungen gezeigt, daß Meßergebnisse immer gerätespezifisch sind, d.h. nicht reproduzierbar und nur bedingt qualitativ vergleichbar mit Meßergebnissen anderer Geräte gleichen Bautyps.

Bei den Messungen muß beachtet werden, daß ihre Aussagekraft nicht durch Störungen ganz oder teilweise verlorengeht. In Bild 5.18 sind die wichtigsten Störeinflüsse, die an dem Meßgerät zu Fehlmessungen führen können, und geeignete Gegenmaßnahmen dargestellt.

Art	Schwingungen	Wärmefluß	Spannungs-schwankungen	Instationaritäten des Hauptgasstroms
Quelle	- Umgebung - Prüfsystem	Umgebung, Gas	Netzversorgung	Prüfgas
Typ	- Schall - mechanische Schwingung	Temperaturgefälle	- Spike - Schwingung - Rauschen	Schwankungen von Druck, Geschwindigkeit, Volumenstrom
Geeignete Maßnahme	a Schaumstoff-unterlage b Gummiunterlage (Moosgummi, Hartgummi,...)	a Vermeidung von Temperaturgefällen in der Umgebung sowie zwischen Umgebung und Gas b Vermeidung von Temperaturgefällen im Gas	a Beruhigtes Netz b USV - Anlage c Spannungs-konstanter d Netzfilter	Wahl eines geeigneten Probenahmesystems (siehe dort)
Bewertung	a Vollständige Dämpfung der Erregerfrequenz von f = 15 .. 60 Hz b Eigenfrequenz des Dämpfungssystems mit f = 30 ... 40 Hz kann im Erregerfrequenzbereich liegen	a Verhindert Beeinflussung der Laserreferenz sowie elektronischer Bauelemente b Verhindert Thermophorese sowie Verminderung von Ablösekräften	a Keine Störungen b Vollständige Beseitigung aller Störspannungen c Unvollständige Glättung; Artefaktreduzierung spannungsabhängig d Einfluß durch elektromagnetische Einstreuung; Verringerung der Artefakte um den Faktor 100	Vordrucklos ansaugende Partikelzähler sind von diesen Einflüssen generell einfacher zu entkoppeln als Drucksensoren

Bild 5.18: Störeinflüsse, die Artefakte im Meßgerät auslösen und geeignete Maßnahmen zur Vermeidung oder Reduzierung dieser Einflüsse

5.2.3.3 Partikelanalyse

Zusätzlich zur quantitativen Erfassung des Partikeleintrags durch Partikelzählung und deren Größenbestimmung kann die Analyse der generierten Partikel Aufschluß über Partikelquellen in Komponenten oder in Gesamtsystemen geben. Es ist möglich mit der Analyse ihrer chemischen Zusammensetzung auf die Herkunft und die Eintragsmechanismen der Partikel zu schließen (s. Kap. 3.4). Dadurch werden Schwachstellen von Komponenten und Systemen dargestellt und können später gezielt optimiert werden.

Das REM-EDX Verfahren ist das praktikabelste zur Partikelanalyse. Es kann die zu erwartenden chemischen Elemente mit einem akzeptablen Analyseaufwand nachweisen.

Durch das im REM integrierte EDX kann in einem Analysegang ein breites Spektrum an chemischen Elementen erfaßt werden.

Der apparative und zeitliche Aufwand für dieses Verfahren ist deutlich niedriger als bei SIMS- oder AES-Geräten.

Der kontaminierte Prüfgasstrom wird über einen der zu messenden Partikelgröße angepaßtes Membranfilter geleitet. Dieses Membranfilter wird danach gesputtert und dann unter einem REM die zu analysierenden Partikel bestimmt und eine EDX-Analyse durchgeführt. Die Meßzeit wird in erster Linie durch die Abscheidedauer der Partikel auf das Membranfilter bestimmt. Diese hängt ab von der Partikelabscheiderate auf dem Filter (abhängig u.a. vom Durchsatz pro Filtereinheit - dem "spezifischen Durchsatz"), d.h. von der erwarteten Partikelanzahl pro Zeiteinheit, von dem durchströmten Filterdurchmesser und der Größe des Meßfeldes im REM.

Statistisch abgesicherte Analysemessungen sind für den industriellen Einsatz aus Zeitgründen nicht praktikabel, aber eine stichprobenhafte Analyse der Partikelzusammensetzung ist realisierbar und sinnvoll im Zusammenhang mit der Suche nach Kontaminationsursachen.

5.3 Herleitung testkomponentenspezifischer Prüfaufbauten

Basierend auf den in Kap.5.1.2 entwickelten Teilmodulen werden für einzelne Komponentenfamilien spezifische Aufbauten entwickelt. In den einzelnen Teilmodulen des Prüfstandes wurden gezielte Anpassungen vorgenommen komponentenspezifische Prüfungen durchführen zu können.

Im folgenden sind Prüfaufbauten für Ventile, Druckminderer und Filter dargestellt.

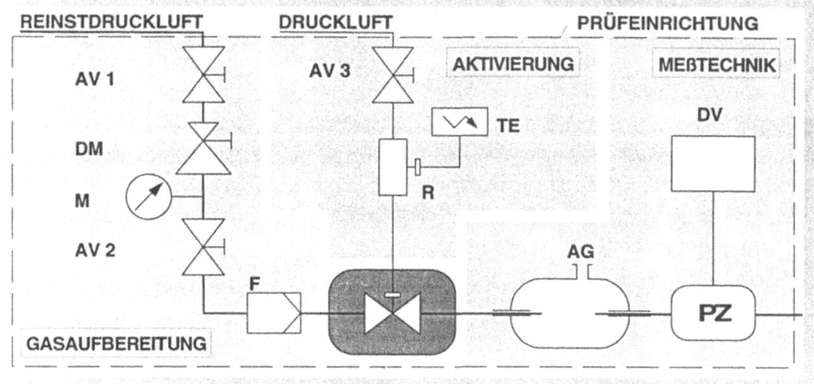

Bild 5.19: Prüfeinrichtung für Ventile

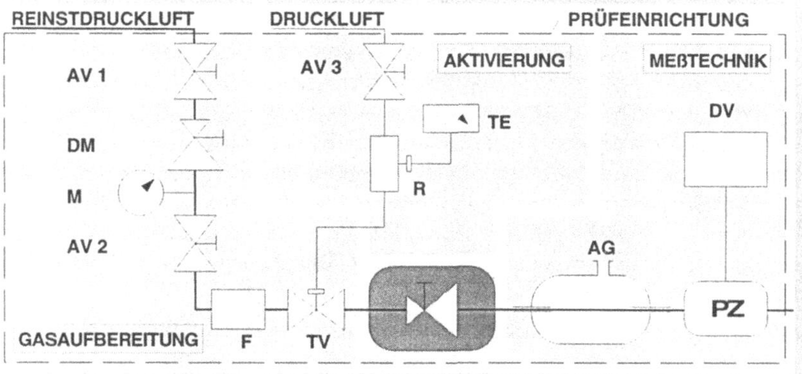

Bild 5.20: Prüfeinrichtung für Druckminderer

Zur Filterprüfung wurde folgender Prüfstand eingesetzt. Der gefilterten Reinstluft werden in einem Aerosolerzeuger Partikel zugesetzt. Durch eine Takteinheit wird ein pneumatisches Taktventil gesteuert. Der Abscheidegrad des Filters wird durch Messungen der Paritkelkonzentration vor und nach dem Prüffilter ermittelt.

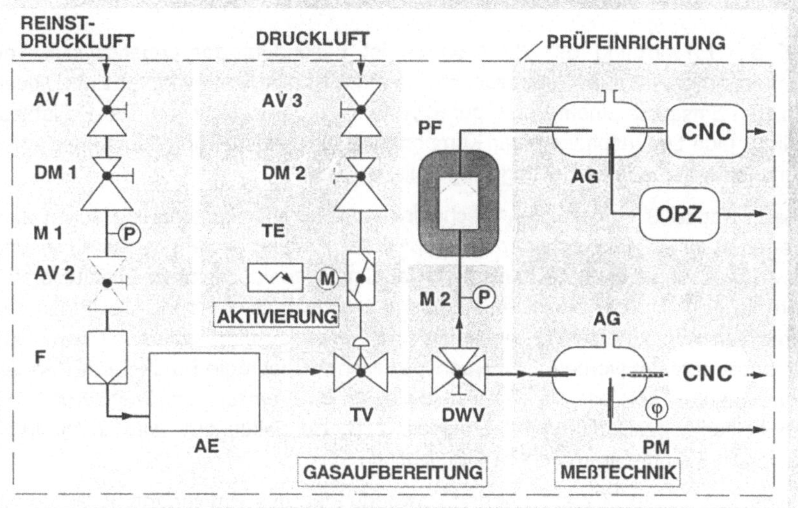

Bild 5.21: Filterprüfeinrichtung

Alle anderen Gasversorgungskomponenten können mit Hilfe der oben gezeigten Prüfaufbauten untersucht werden.

6 Entwicklung der Prüfmethode

Bei der Entwicklung der Prüfmethode ist besonders der Lebenszyklus von Komponenten, d.h. alle Lebensabschnitte einer Komponente von der Entwicklung bis zum Einsatz in einem Versorgungssystem, zu berücksichtigen. Der Prüfablauf soll für jede Lebensphase einer Komponente, bzw. eines Teilsystems oder eines Komplettsystems aussagefähige Ergebnisse liefern.

Alle in Kapitel 3 aufgezeigten Mechanismen der Partikelgenerierung sollen zum Tragen kommen. Ein wichtiger Bestandteil der Prüfung besteht in der Auslösung bzw. Forcierung dieser Mechanismen. Dabei müssen vor allem der Einsatzbereich und die Funktion der einzelnen Komponenten beachtet werden. Alle genannten Arten von Komponenten/Teilsystemen und Gesamtsysteme sollen mit derselben Methodik getestet werden. Das typenspezifisch ausgeprägte Partikelverhalten der Komponente, sei es als Partikelquelle (z. B. Ventile, Druckminderer), als Partikelsenke (z. B. Filter) oder beides (z. B. Rohrleitungen), wird darin durch geeignete Parameterauswahl berücksichtigt.

Einige der in Kap. 3.1 analysierten Anwendungen des Prüfverfahrens erfordern, um von Anwendern akzeptiert zu werden eine Standardisierung. Dies trifft insbesondere für diese Anwendungen zu, bei denen die Ergebnisse Kunden, Lieferanten oder Mitbewerbern in Form von Zertifikaten oder Qualitätsnachweisen nachgewiesen werden sollen. In Bild 6.1 sind die wesentlichen Anwendungen des Prüfverfahrens hinsichtlich ihrer Notwendigkeit zur Standardisierung aufgeteilt.

Standardisierung	Anwendungen des Prüfverfahrens
sinnvoll	- Endkontrolle der Komponentenfertigung - Vergleichstest von Komponenten - Abnahmemessungen von Versorgungssystemen
nicht sinnvoll	- Messungen zur Weiterentwicklung von Komponenten - Optimierung des Betriebspunktes von Systemen und Komponenten - Langzeituntersuchungen

Bild 6.1: Standardisierungsbedarf von beispielhaften Anwendungen des Prüfverfahrens

Ausgehend von dem zu entwickelnden Standardprüfverfahren mit den jeweils erarbeiteten Randbedingungen können Sonderprüfverfahren für spezifische Anwendungen abgeleitet und speziell entwickelt werden.

6.1 Entwicklung der Standardprüfmethode

6.1.1 Entwicklung der einzelnen Prüfphasen

Bei der Festlegung von Art und Dauer der Prüfphasen müssen verschiedene Anforderungen berücksichtigt werden. Die Prüfphasen müssen dem Lebenszyklus der RGVK bzw. des Teilsystems und des Gesamtsystems entsprechen, damit die Meßergebnisse von den Herstellern verwertet werden können. Weiterhin ist eine hohe Aussagefähigkeit der Prüfergebnisse erforderlich, damit Rückschlüsse auf das Freispülverhalten nach dem Einbau, die Konstruktion, die Materialauswahl und die eingesetzte Fertigungsmethode möglich sind. Um dies zu erreichen, ist die Simulation realer Betriebsbedingungen notwendig. Das bedeutet, daß der Lebenszyklus der Komponenten, ihre Funktionsweise und die Praxisbedingungen die Basis zur Entwicklung der einzelnen Prüfphasen darstellen.

6.1.1.1 Blindwertmessung

Da der Prüfstand selbst aus Komponenten, d.h. potentiellen Partikelquellen, besteht, ist er nicht völlig kontaminationsfrei. Er muß deshalb zum Beginn einer jeden Messung oder nach einer Manipulation (z.B. Ein-/Ausbau einer Prüfkomponente) gereinigt werden.

Um aussagefähige Prüfergebnisse für die Prüfobjekte erreichen zu können, ist ein vorheriges Freispülen des Prüfstandes bis zum Erreichen einer konstanten Partikelkonzentration erforderlich. Der Prüfstand wird mit erhöhtem Volumenstrom durch Öffnen des Hauptventiles gereinigt. Wird dazu ein Taktventil periodisch betätigt handelt es sich um eine dynamische Blindwertmessung. Diese wird dann durchgeführt, wenn der spätere Prüfablauf ebenso dynamische Veränderungen des Druckes, bzw. Volumenstromes vorsieht.

Der statische Blindwert muß 0 Partikel > 0,05 µm / cft betragen. Der dynamische Blindwert sollte 10 % der späteren erzielten Meßwerte (in den dynamischen Phasen) nicht überschreiten.

Falls eine Absenkung der Partikelemission auf diesen Wert nicht möglich ist, muß eine Reinigung des Prüfstandes sowie ein eventueller Austausch von Prüfstandkomponenten erfolgen.

6.1.1.2 Primäres-Freispülen

Die Prüfphase des Primären-Freispülen **(Ia)** wird sowohl zur Ermittlung des Anlieferzustandes einer Komponente als auch für die Abnahme eines Versorgungssystems eingesetzt. Dabei wird die Gesamtzahl der durch eine Komponente oder durch das Gesamtsystem emittierten Partikel bestimmt. Dazu wird zu Beginn ein Ausspülen von Partikeln unter stationären Bedingungen durchgeführt. Mit im Spülverlauf fallender Partikelkonzentration im Meßvolumen werden zunehmend schwerer lösbare Partikel detektiert. Die Prüfphase Ia endet bei Erreichen des Meßsystemblindwertes. Die Höhe und Entwicklung der Partikelzahl kann Aufschluß über die Qualität von Fertigung, Reinigung, Montage, Verpackung, Lagerung, Auspacken und Einbau in den Versuchsstand geben.

6.1.1.3 Konditionieren

Um das Testobjekt vor der eigentlichen unter Betriebsbedingungen durchzuführenden Prüfung in einen reproduzierbaren Zustand zu versetzen, ist als Zwischenstufe eine Vorkonditionierung **(K)** erforderlich.

Dazu wird die Testkomponente einer extremen dynamischen Belastung unterzogen. Zusätzlich zur Ablösung stark adhäsiv gebundener oder verklemmter Partikel werden auch Partikel generiert, die dem Betriebsverhalten der Komponente zuzuordnen sind. Eine meßtechnische Auftrennung dieser beiden Partikelgruppen ist nicht möglich, so daß der während dieser Phase erfaßten Partikelanzahl keine Prüfaussage zugemessen werden kann.

6.1.1.4 Simulation des Betriebszustandes

Ziel dieses Prüfabschnittes ist es, das eigentliche Partikelverhalten des Testobjektes während des Betriebs zu ermitteln. Dabei ist es erforderlich, die während des Betriebs auftretenden Einflüsse, die eine Partikelgenerierung erzeugen können, zu simulieren. Hierbei werden sowohl stationäre als auch instationäre Prüfzyklen eingesetzt. Die simulierten Betriebsbedingungen sollten extrem gewählt werden, um die Komponenten bzw. das Versorgungsystem überproportional zu stressen und damit eindeutige Ergebnisse zu erzielen. Je nach Aufgabenstellung können die folgenden Prüfphasen ausgewählt werden.

Prüfphase IIa: Verhalten bei stationären Betriebszuständen im System

Durch diese Prüfphasen wird angestrebt, das Kontaminationsverhalten von RGVK bei stationären Betriebszuständen zu analysieren.

Prüfphase IIb: Verhalten bei instationären Betriebszuständen im System

Durch die Prüfphase IIb sollen insbesondere Änderungen der physikalischen Zustandsgrößen, wie z.B. Druck, Geschwindigkeit usw., simuliert werden. Dadurch wird angestrebt, das Kontaminationsverhalten der RGVK bei instationären Betriebszuständen im System zu erfassen.

Prüfphase IIc: Verhalten im Dauerbetrieb

Diese Prüfphase dient dazu, das Langzeitverhalten von RGVK zu analysieren. Dabei ist vor allem die Frage von Interesse, wie lange Partikel erzeugt werden und ob sie nicht irgendwann weggespült werden. Um hierbei auch kritische Betriebszustände zu erfassen, können auch instationäre Zustände bewußt simuliert werden, wie z.B. Änderungen von Druck oder Strömungsgeschwindigkeit.

6.1.1.5 Freispülen/Phasentrennung

Zur Eliminierung von Ein- oder Ausschwingeffekten auf die Meßergebnisse sind Freispülphasen zwischen allen Prüfabschnitten erforderlich. Die zeitliche Dauer der Freispülphasen variiert stark und ist vom vorherigen Prüfabschnitt abhängig.

6.1.1.6 Zusammenfassung und Zuordnung der Prüfphasen

Bild 6.2 ist eine zusammenfassende Darstellung der einzelnen Prüfphasen mit dem jeweiligen typischen Verlauf des Partikelzeitverhaltens.

Phase	Bezeichnung	typischer Verlauf	Zweck
Blindwertmessung	B	-	Kontrolle des Prüfstandes bzgl. seiner Verschmutzung
Primäres Freispülen	Ia		Ermittlung des Anlieferzustandes; Abnahmemessung (RGVS)
Konditionieren	K		Testobjekt in reproduzierbaren Ausgangszustand versetzen
Stationärer Betriebszustand	IIa		Ermittlung des Kontaminations-verhaltens bei stationärem Betrieb
Instationärer Betriebszustand	IIb		Ermittlung des Kontaminationsverhaltens bei instationärem Betrieb
Dauerbetrieb	IIc		Analyse des Langzeitverhaltens
Freispülen	F		Trennung der einzelnen Phasen

Bild 6.2: Übersicht der eingesetzten Prüfphasen

6.1.2 Bestimmung der Meßintervalle und Taktfrequenzen

Meßdaten von OPZ sind Anzahlkonzentrationen von Partikeln, die durch kummulative Detektion bei konstantem Probegasvolumenstrom in einem Meßzeitintervall ermittelt werden. Die Identifikation des Partikelverhaltens der Komponente bedeutet eine Abbildung der Partikelkonzentration eines Kontrollvolumens auf das korrespondierende Probegasvolumen. Das Kontrollvolumen ist beispielsweise definierbar über passiertes Gasvolumen in einer Aktivierungszeit am Aktivierungsort. Notwendige Bedingungen dieser Identifikation sind Kenntnisse über die Transformation des Kontrollvolumens durch die Probenahmestrecke sowie die Abbildung der Partikelkonzentration des Hauptgasstromes auf diejenige des Probegasstromes.

Als Kenngröße der Gesamtübertragung des Kontrollvolumens von der Prüfkomponente zur Meßzelle wird ein Zeitraum T_M bestimmt, innerhalb dem ab Aktivierungsbeginn ein 99%-Äquivalent der Kontrollpartikelzahl in der Meßzelle detektiert wird. Eine hinreichende Zuweisung von Meßdaten zu ihrer Ursache, insbesondere in Prüfabschnitt II, erfolgt durch Einstellung eines dem dreifachen dieses Zeitraumes entsprechenden Meßzeitintervalls, in dem zulässige Variationen der Probenahmestrecke berücksichtigt sind.

Es hat sich gezeigt, daß die Zeitverhalten von Meßwerten aus Vorversuchen – bei kurzzeitiger Aktivierung von Prüfkomponenten – starke Ähnlichkeiten mit der Impulsantwort Verzögerungsglieder erster Ordnung besitzen.

Durch Installation von Prüfstrecken und Abbildung der Meßsignale auf die Übertragungsfunktion eines für alle Prüfstrecken geeigneten Streckenmodells (siehe Bild 6.3) wurden die jeweiligen Faktoren und Konstanten der Übertragungsfunktion identifiziert und die Zeiträume T_{99} der 99%-Partikeläquivalente bestimmt.

Durch Addition der Prüfstreckentotzeiten T_T, die durch Kontinuitätsbetrachtungen bestimmt wurden, wurden die erforderlichen Meßzeiten T_M errechnet, wobei die Auftrennung der Strecke in zwei unabhängige Übertragungsglieder durch die Dimensionierung der Prüfeinrichtung (siehe auch Kap 3.2 "Transportverluste") begründet ist.

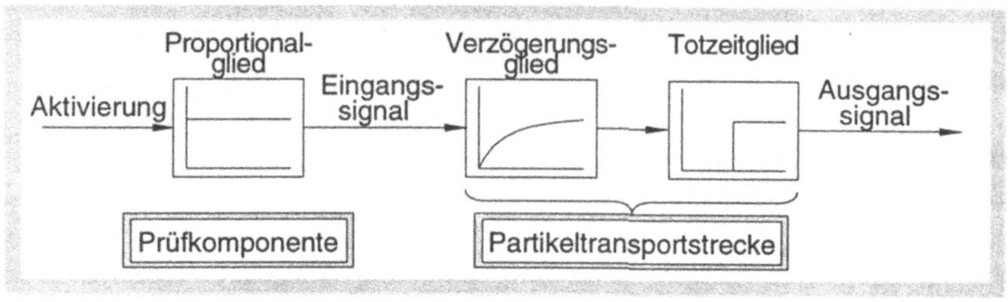

Bild 6.3: Blockbild des Modells zur Identifikation des zeitlichen Partikeltransportverhaltens

Die zu identifizierenden Prüfstrecken bestehen aus einem Ventil als Prüfkomponente, unterschiedlichen Probenahmesystemen (Ausgleichsgefäß, Kapillardiffusor, Stoßdiffusor) sowie ¼"-Edelstahlrohren variabler Länge als Verbindungsleitungen.

Die Auswahl eines Ventils als Prüfkomponente erfolgte aus zwei Gründen:

1. Der Annahme einer verstellweglinearen Partikelgenerierung während der Betätigung.
2. Einem vergleichsweise hohen Partikelemissionsniveaus .

Für die untersuchten Streckenkombinationen wurden die in Bild 6.4 dargestellten Kennzahlen ermittelt und das 99%-Äquivalent des Verzögerungsgliedes durch Integration der Übergangsfunktion bestimmt.

PROBENAHMESYSTEM	Ausgleichsgefäß		Kapillardiffusor		Stoßdiffusor	
LEITUNGSLÄNGE [m]	0,5	3	0,5	3	0,5	3
TOTZEIT T_T [s]	0,154	0,862	0,138	0,627	0,142	0,748
ZEITKONSTANTE T_1 [s]	2,319	2,783	2,076	2,496	2,183	2,607
99 % ZEIT T_{99} [s]	10,632	17,475	8,936	14,245	9,713	16,682
MINDESTPRÜFZEIT T_M	10,786	18,337	9,074	14,872	9,855	17,430

Bild 6.4: Mindestprüfzeiten unterschiedlicher Ausführungen der Partikeltransportstrecke

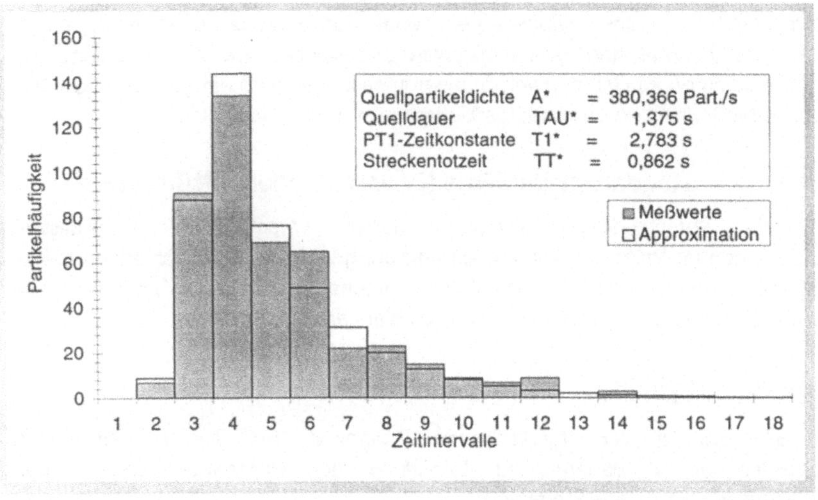

Bild 6.5: Diagramm einer durchgeführten Streckenanalyse am Beispiel eines Ausgleichsgefäßes als Probenahmesystem und einer Streckenlänge von 3 m.

Die sich für die jeweiligen Probenahmesysteme und innerhalb des Versuchsrahmens gezeigte Unabhängigkeit der Zeitkonstanten von den Leitungslängen bestätigt die getrofffene Modellannahme. Ein Vergleich der ermittelten Mindestprüfzeiten mit der für alle in Betracht kommenden OPZ erreichbaren Minimalmeßzeit von $T_P = 1$ Minute ergibt einen Sicherheitsabstand von mindestens 30 Sekunden, so daß T_P auch für Prüfkomponenten mit komplexerem Emiossionsverhalten (z. B. für Rohre oder Druckminderer) als Standard geeignet ist.

Die Übertragung von T_P auf alle anderen Prüfphasen des Standardverfahrens führt dort aufgrund der durch nicht die Prüfaufgaben unkritischen Meßverzügen nicht zu Fehldeutungen, so daß die Meßzeit:

$$T_P = 1 \text{ Minute}$$

als Standard festgelegt wird.

Durch statistische Analyse von Prüfphasenmeßreihen hat sich gezeigt, daß mit einer Anzahl von 20 aktivierten Messungen das betriebszustandsspezifische Partikelverhalten der Komponente in allen Prüfphasen hinreichend bestimmbar ist.

Zur Festlegung der Phasenmeßzeiten wurde die feinstmögliche Meßrasterung (1/s) verwendet. Es hat sich gezeigt, daß die Detektion der durch Aktivierung der Komponente oder des Prüfgases generierten Partikelwolke bereits nach einigen Sekunden bis auf den Systemblindwert abgeklungen ist. Zur Ermittlung der Partikelsummen im Rahmen von Standardmessungen wird ein genügend großes, für alle Meßprinzipien erreichbares Meßraster von 1/min festgelegt.

6.1.3 Standardprüfabläufe für verschiedene Prüfobjekte

Da die verschiedenen Komponentenarten verschiedene physikalische Änderungen im Prüfstrom vornehmen und auf grundsätzlich verschiedene Weise betätigt werden, müssen auch komponentenartenspezifische standardisierte Prüfabläufe aus dem grundsätzlichen Prüfablauf entwickelt werden.

6.1.3.1 Ventile

In Bild 6.6 ist der standardisierte Prüfablauf, mit den Prüfabschnitten zugewiesenen Zeitdauern, zur Ermittlung der Partikelgenerierung eines Reinstgasventils zusammengestellt.

Prüfabschnitt / Dauer	Erläuterung
1) Blindwert / 5 min	Es wird die Partikelgenerierung des Meßprüfstandes 5 Minuten lang ohne Komponente gemessen.
KOMPONENTENEINBAU	
2) primäres Freispülen / 5 min	Hier wird die Anzahl freigesetzter Partikel einer Komponente in dem Anlieferungszustand durch 5 Minuten freispülen ermittelt.
3) Konditionierung / 10 min	Mit 6 Betätigungen pro Minute wird die Komponente 10 Minuten lang gespült.
4) statisches Betriebsverhalten / 5 min	Bei diesem 5 Minuten dauernden Vorgang wird das Freispülverhalten der Prüfkomponente ohne Betätigung ermittelt.
5) dynamisches Betriebsverhalten / 20 min	Hier werden die Betriebsbedingungen simuliert und in einem Zeitraum von 20 Minuten die Partikelemission bei 10 Taktungen registriert (1 Druckstoß pro 2 Minuten).
6) statisches Betriebsverhalten / 5 min	Es ist der letzte Prüfabschnitt einer Messung, bei dem das Freispülverhalten (5 Minuten) ohne Taktung ermittelt wird.

Bild 6.6: Standardisierter Prüfablauf

Die Festlegung der Prüfparameter erfolgt in Bild 6.7.

Versuchsparameter		Festlegung
Prüf-komponente	Schließzeit	0,2 s
Prüfsystem	Prüfgasart	Reinstdruckluft, Inertgas
	Systemtemperatur	RT
	Ströhmungsgeschwindigkeit im System	10 m/s am Ausgang der Testkomponente
Prüfablauf	Länge eines Meßintervalls	1 min
	Taktfrequenz bei der Aufbringung von Druckstößen (intern/extern)	1 Takt/min
	zeitlicher Ablauf bei der Aufbringung von Druckstößen	zwischen den Druckstößen eine Minute Pause, d. h. 1 Druckstoß pro 2 Minuten

Bild 6.7: Festlegung der Prüfparameter bei der standardisierten Prüfung von Reinstgasventilen

6.1.3.2 Druckminderer / Massflowcontroler

In Bild 6.8 ist der standardisierte Prüfablauf, mit den Prüfabschnitten zugewiesenen Zeitdauern, zur Ermittlung der Partikelgenerierung eines Druckminderers/Massflowcontrolers zusammengestellt.

Prüfabschnitt / Dauer	Erläuterung
1) statischer Blindwert / 5 min	Es wird die Partikelgenerierung des Meßprüfstandes 5 Minuten lang ohne Komponente gemessen.
2) dynamischer Blindwert / 5 min	Wie 1), nur gleichzeitiges Takten des Taktventils entsprechend der Taktung bei 5) dynamisches Betriebsverhalten
KOMPONENTENEINBAU	
2) Freispülen / 2 x 5 min	Hier wird die Anzahl der freigesetzten Partikel eines Druckminderers in zwei - jeweils 5 Minuten dauernden - Abschnitten bei zwei Druckverhältnissen ermittelt. Das zweite Druckverhältnis wird durch das Handventil in der Versorgungsleitung eingestellt.
3) Konditionierung / 10 min	Während dieses Prüfabschnittes soll in dem Druckminderer eine maximale Bewegung der Regelmechanik hervorgerufen werden, um maximale Beanspruchung zu simulieren. Dies geschieht durch Takten des Schaltventils (6 mal pro Minute). Das Ventil bleibt solange geschlossen bis hinterdruckseitig der Druck merklich abfällt. Diese vom Druckverhältnis und vom Volumenstrom abhängige Verschlußzeit des Schaltventils muß vor dem Versuch ermittelt werden. (Dauer: 10 Minuten)
4) statisches Betriebsverhalten / 5 min	Bei diesem 5 Minuten dauernden Vorgang wird das Freispülverhalten der Prüfkomponente ohne Betätigung ermittelt.
5) dynamisches Betriebsverhalten / 10 min	Taktfrequenz: 1 Takt pro Minute. Schließzeit: Das Ventil bleibt solange geschlossen bis hinterdruckseitig der Druck merklich abfällt. Diese vom Druckverhältnis und vom Volumenstrom abhängige Verschlußzeit des Schaltventils muß vor dem Versuch ermittelt werden. (Dauer: 10 Minuten)
6) statisches Betriebsverhalten / 5 min	Es ist der letzte Prüfabschnitt einer Messung, bei dem das Freispülverhalten (5 Minuten) ohne Betätigung ermittelt wird.

Bild 6.8: Standardisierter Prüfablauf

Bei Druckminderern steht in erster Linie der Hinterdruck als Einstellmöglichkeit zur Verfügung. Prinzipiell wird ein praxisgerechter Hinterdruck von 4 bar zum Prüfen gewählt. Die Festlegung aller Prüfparameter erfolgt in Bild 6.9.

Versuchsparameter		Festlegung
Prüfsystem	Schließzeit des Taktventils	muß spezifisch ermittelt werden (s.u.)
	Prüfgasart	Reinstdruckluft, Inertgas
	Vordruck pv (gemessen vor der Prüfkomponente)	pv = 2 * ph + 1
	Hinterdruck ph (gemessen hinter der Prüfkomponente)	4 bar
	Systemtemperatur	RT
Prüfablauf	Länge eines Meßintervalls	1 min
	Taktfrequenz bei der Aufbringung von Druckstößen (intern)	1 Takt/min
	zeitlicher Ablauf bei der Aufbringung von Druckstößen	zwischen den Druckstößen eine Minute Pause, d. h. 1 Druckstoß pro 2 Minuten

Bild 6.9: Festlegung der Prüfparameter bei der standardisierten Prüfung von Druckminderern/Massflowcontrolern

Ermittlung der Schließzeit des Taktventils:

Die Schließzeit kann nicht pauschal angegeben werden. Sie muß für jede Bautypenreihe vor den eigentlichen Messungen an einer separaten baugleichen Komponente ermittelt werden.

Die Schließzeit ist abhängig von der Geschwindigkeit des Druckabfalls vor dem Druckminderer.

Bild 6.10 zeigt den Verlauf des Hinterdrucks nach Schließen des Taktventils. Nach stetigem leichten Anstieg fällt plötzlich der Hinterdruck ab, d.h. der Druckminderer ist vollständig geöffnet. Ist dieser Knickpunkt erreicht, so muß das Taktventil wieder geöffnet werden.

Es ist darauf zu achten, daß kein merklicher Hinterdruckabfall entsteht.

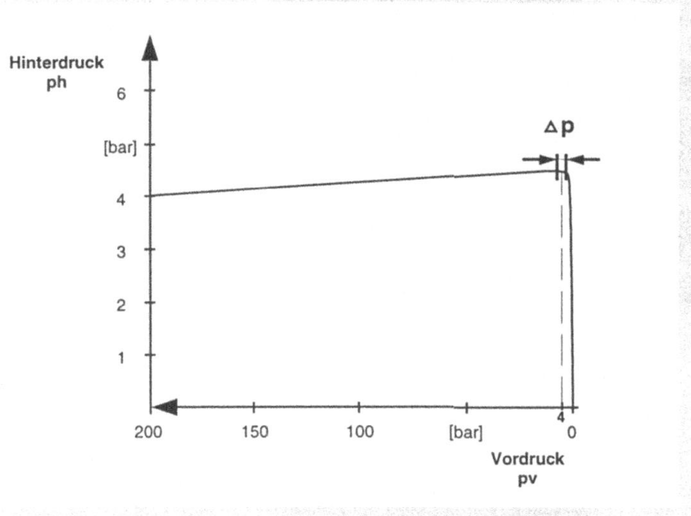

Bild 6.10: Verlauf des Hinterdrucks beim Schließen des Schaltventils

6.1.3.3 Filter

In Bild 6.11 ist der standardisierte Prüfablauf, mit den Prüfabschnitten zugewiesenen Zeitdauern, zur Ermittlung der Partikelgenerierung eines Reinstgasfilters zusammengestellt.

Da bei Filtern die Bandbreite der zu prüfenden Komponenten sehr groß ist, müssen die Meßzeiten der einzelnen Phasen verhältnismäßig lang sein, um, im Falle des Auftretens von nur wenigen Ereignissen, fundierte Aussagen treffen zu können.

Prüfabschnitt / Dauer	Erläuterung
1) Blindwert / 30 min	Zu Beginn jeder Messung muß der Versuchsstand mit erhöhtem Volumenstrom (wenn möglich der 2-fache des Nennvolumenstroms des Testfilters) freigespült werden. Während dieses Freispülens erfolgt keine Meßwertaufnahme. Danach erfolgt ein 30-minütiges Freispülen der Komponenten (Ausgleichsgefäß, Leitungen) zwischen Vorfilter und Meßgerät mit Takten. Hierzu wird an der Stelle des später eingesetzten Testfilters ein Point-Of-Use Filter als Referenzfilter eingebaut. Der Volumenstrom während dieser 30 Minuten beträgt 50 % des Nennvolumenstromes des zu testenden Filters.
Ausbau des Referenzfilters und Einbau des Testfilters.	
2) primäres Freispülen / bis Blindwert (1))	Messung der Partikelfreisetzung des Testfilters bei stationärer Durchströmung bis der Blindwert von Prüfabschnitt 1) erreicht ist.
3) Konditionierung / 30 min	30-minütige Messung der Partikelfreisetzung bei dynamischem Filterbetrieb.
Einschalten des Aerosolerzeugers, Beaufschlagung des Testfilters mit Aerosol	
4) statisches Betriebsverhalten / 30 min	30-minütige Messung der Partikelemission bei statischer Belastung des Testfilters.
Abschalten des Aerosolerzeugers	
5) statisches Betriebsverhalten / 30 min	30-minütige Messung der Partikelemission bei statischer Belastung des Testfilters (stationäre Durchströmung).
Zuschalten des Aerosolerzeugers, Beaufschlagung des Testfilters mit Aerosol	
6) statisches Betriebsverhalten / 30 min	30-minütige Messung der Partikelemission bei statischer Belastung des Testfilters bei zusätzlicher Aerosolbeaufschlagung .
Abschalten des Aerosolerzeugers	
7) dynamisches Betriebsverhalten / 30 min	30-minütige Messung der Partikelemission bei dynamischer Belastung des Testfilters.

Bild 6.11: Standardisierter Prüfablauf

Die Festlegung der Prüfparameter erfolgt in Bild 6.12.

Versuchsparameter		Festlegung
Prüfsystem	Prüfgasart	Reinstdruckluft, Inertgas
	Systemtemperatur	RT
	Systemdruck	6 bar
	maximale Druckspitzen am Filter während Taktungen	1,5 bar
	Volumenstrom	50 % des Nennvolumenstrom des Testfilters (Vorspülen des Prüfstandes: 2* Nennvolumenstrom desTestfilters)
	Konzentration des Aerosols vor dem Filter	7000 Partikel > 0,01µm/cm^3
Prüfablauf	Dauer eines Meßintervalls	1 min
	Schließzeit Taktventil	3 s
	Taktfrequenz bei der Aufbringung von Druckstößen (intern/extern)	3 Taktungen/min (primäres Freispülen mit 6 Taktungen pro Minute)
	zeitlicher Ablauf bei der Aufbringung von Druckstößen	

Bild 6.12: Prüfparameter der jeweiligen Prüfphasen bei der standardisierten Prüfung von Reinstgasfiltern

6.2 Entwicklung von Sonderprüfungen

6.2.1 Ermittlung des optimalen Betriebspunktes

Der Betriebszustand aktiver Komponenten ist gekennzeichnet durch:

- die Einstellmaße von Steuergrößen,
- die Energiebilanz des durchströmenden Gases.

Das Partikelverhalten, interpretiert als Wechselwirkungseffekt material- und konstruktionsbedingter Eigenschaften mit dem Betriebszustand, kann in zwei Ausbildungsformen unterteilt und getrennt betrachtet werden:

- die dynamische Form stellt sich ein als Antwort auf die Dynamik der Betriebszustandsänderung
- die stationäre Form korrespondiert nach Abklingen einer statuswechselbedingten Störung direkt mit dem erreichten Betriebszustand.

Für ein Betriebspunktfeld, das durch diskrete Variation von nicht mehr als drei Parametern (Steuer- und Strömungsgrößen) gebildet wird, kann durch zweistufige Analyse der Variabilität des Partikelverhaltens ein einfaches Verfahren angegeben werden, durch das partikeloptimierte Betriebspunkte ermittelbar sind:

1. Die signifikante Zuordnung einer Änderung des Partikelverhaltens der Komponente zur Variation einer oder mehrerer Parameter:

   Dazu wird eine dreidimensionale Varianzanalyse durchgeführt. Die Nullhypothesen fehlenden Einflusses der Parametervariation auf das Emissionsniveau werden darin mit Rücksicht auf die Qualität der Aussage auf einem Signifikanzniveau ≥ 90% geprüft.

2. Die Berechnung von Lage und Stabilität, durch minimale Partikelzahl definierte Betriebspunkte innerhalb eines definierten Wertebereiches der Parameter:

   In Stufe 2 der Analyse werden zunächst durch Ortsvergleich von Partikelminima in Parallelen zu den Parameterachsen alle relativ optimalen Betriebspunkte erfasst. Durch Absolutvergleich der Partikelzahlen dieser relativen Betriebspunkte in Kombination mit dem Vergleich von Form und Größe der Betriebspunktumgebungen, definiert über einen relativen Anstieg des Partikelniveaus, werden je nach Gewichtung einer oder mehrere optimale Betriebspunkte ermittelt.

6.2.2 Verhalten im Dauerbetrieb

In dieser Phase soll die Änderung des Partikelverhaltens von Komponenten über einen längeren Zeitraum hin untersucht werden. Dabei könnte ermittelt werden, ob die Partikelgenerierung im zeitlichen Verlauf zu- oder abnimmt oder sogar diskontinuierliche Veränderungen zeigt.

Die Prüfphase Dauerbetrieb ("D") kann alternativ zu oder im Anschluß an den Abschnitt "Betriebsverhalten" der Standardprüfung durchgeführtwerden. Um auch hier die kritischen Betriebsbedingungen zu simulieren, ist diese Prüfung unter dynamischen Bedingungen analog zur Prüfpase IIa durchzuführen.

Phase	Typischer Verlauf	Meßzeit [1/min]	Index nichtaktivierte Messungen	Index aktivierter Messungen	Aktivierungen pro aktivierte Messung	Auswahlkriterien für die Phasenlänge	Phasenlänge [min]
F		1	5	0	0	Erreichen des Blindwertes	≥ 5
D		1	1,3,...,n-1	2,4,...,n	1	Grenzwerte statistischer Kennzahlen	N.N.

Bild 6.13: Prüfplan der Dauermessung

Der Verlauf der Partikelemission nimmt generell eine oder eine Kombination sechs verschiedener Signalkategorien an (siehe Bild 6.14). Eine zur hinreichenden Abschätzung der Signalkategorie korrespondierende Phasenlänge ist pauschal nicht angebbar. Ein Komponentenverhalten gemäß den Signalarten A und B kann üblicherweise bereits mit einer kurzen Zeitreihe nachgewiesen werden. Ein Signal der Arten C und D erfordert eine erweiterte (exponentielle) Analyse und setzt eine Vorgabe spezifischer Kriterien voraus. Die Signalart E ist signifikant frühestens mit trendbereinigten Meßdaten ermittelbar, ob Bursts (Signalart F) rein zufällig (Ausreißer) oder systembedingt (zyklische Ausreißer) sind, muß vorab mit Hilfe eines genügend scharfen Ausreißertest ermittelt werden.

SIGNALFORMEN DES ZEITLICHEN MEßDATENVERLAUFES			
SIGNALART	**SIGNALFORM**	**ZEITVERHALTEN**	**AUF-TRETEN**
A Konstanz	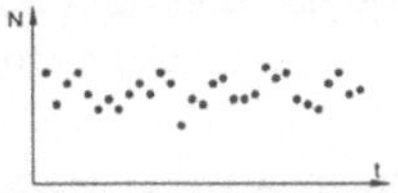	Partikelzahl hat keine zeitreihendynamik	Sehr oft
B Lineare Drift	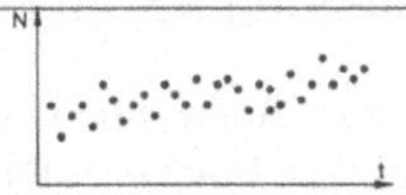	Partikelzahl nimmt gleichmäßig zu oder ab	Sehr oft
C Nichtlineare Drift	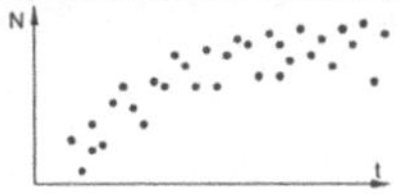	Partikelzahl konvergiert gegen ein Grenzniveau	Oft
D Periodizität	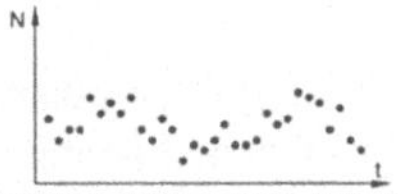	Partikelzahl schwingt um ein Grundsignal der Form A, B oder C	Selten
E Sprung	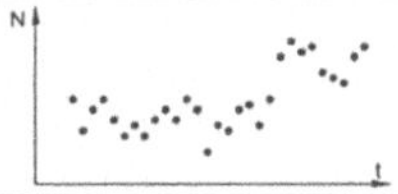	Partikelverhalten wechselt Niveau und evtl. Signalart	Sehr selten
F Ausreißer	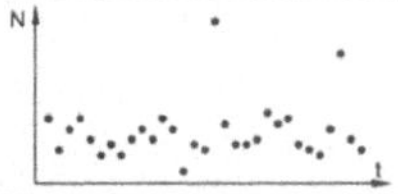	Nicht modellierbar	n. n.

ZEITREIHENANALYSE			
REIHEN-FOLGE	**PRÜFEN AUF SIGNIFIKANZ VON SIGNAL:**	**ZEITREIHEN-MODELL**	**VERFAHREN**
1	F	Nicht modellierbar	Ausreißertest
2	E	Nichtstetig, beidseitig linear oder transzendent	n. n.
3	A, B	Linear	Lineare Regressionsanalyse
4	C	Transzendent (Exponential)	Exponentielle Regressionsanalyse
5	D	Transzendent (Trigonometrisch)	Frequenzanalyse

Bild 6.14: Darstellung möglicher Signalarten der Meßdatenzeitverlaufsreihe

Mit Kenntnis dieser Zusammenhänge zeigen sich jedoch folgende zwei Vorgehensweisen zur Begrenzung des Prüfphasenumfanges geeignet:

1. Beliebige Phasenlänge mit mindestens 1000 Messungen.
2. Automatische Meßlängenbegrenzung durch insitu-Auswerteroutinen unter Vorgabe von Signifikanzschranken und Abbruchkriterien.

6.3 Auswertung und Darstellung der Meßdaten

Die allgemein bekannten Verfahren zur Auswertung und Darstellung von Meßergebnissen sollen hier im Hinblick auf die Partikelmeßtechnik angepaßt, bzw. bewertet werden. Die Verfahrensweisen sind aus der Erfahrung von vielen Messungen und Untersuchungen entstanden.

6.3.1 Auswertung

Bild 6.15 veranschaulicht die allgemeine Vorgehensweise bei der statistischen Auswertung von Meßergebnissen in der Partikelmeßtechnik.

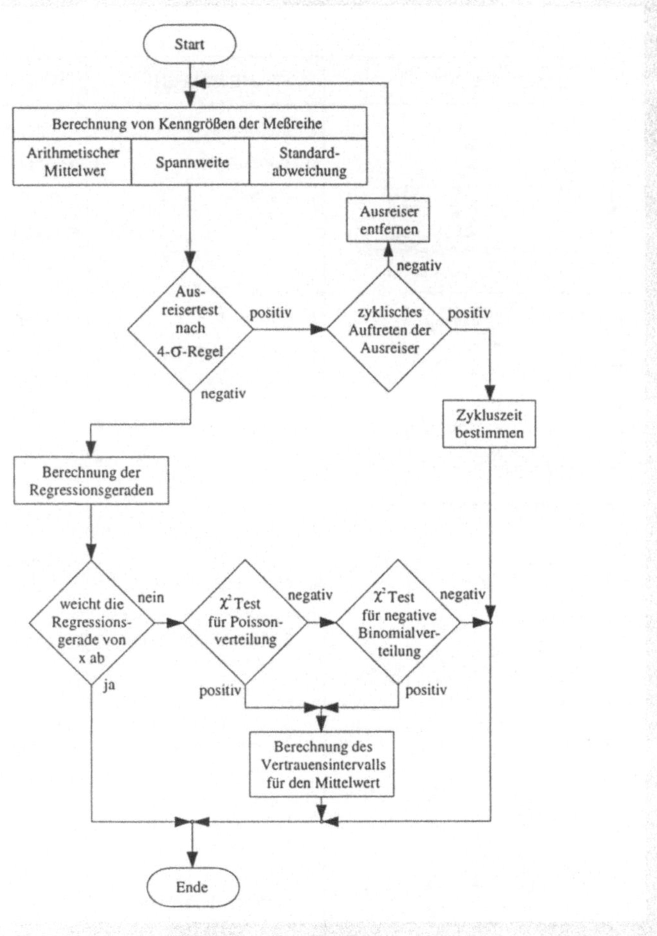

Bild 6.15: Allgemeine Vorgehensweise bei der statistischen Auswertung von Partikelmessungen

6.3.2 Darstellung

Bild 6.16 zeigt die Darstellung möglicher Signalarten der Meßdatenzeitverlaufsreihe und weist den spezifischen Anwendungen Darstellungsmöglichkeiten zu.

DARSTELLUNG	MEßDATEN	GEEIGNET FÜR
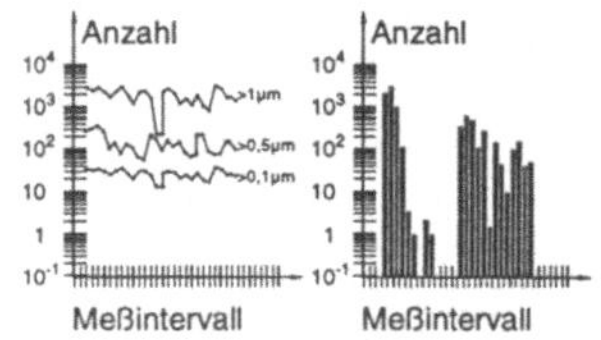 Anzahl / Meßintervall; Anzahl / Meßintervall (>1µm, >0,5µm, >0,1µm)	**A** Meßwerte, "Rohdaten" **B** Verlauf **C** Zeitreihe	▪ Standarduntersuchung ▪ Materialuntersuchung ▪ Designuntersuchung ▪ Langzeituntersuchung
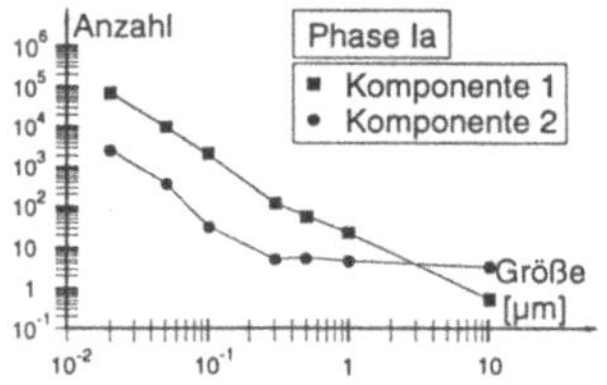 Anzahl; Phase Ia; ▪ Komponente 1, • Komponente 2; Größe [µm]	**A** Meßwerte **B** Größenverteilung **C** Punktreihe	▪ Materialuntersuchung ▪ Designuntersuchung ▪ Unterstützung zur Komponentenauswahl
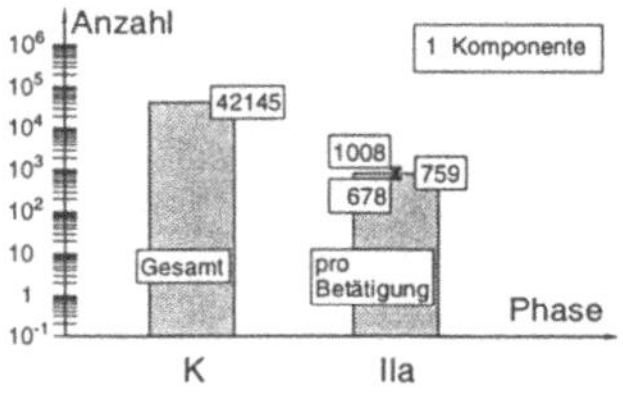 Anzahl; 1 Komponente; 42145; Gesamt; 1008; 759; 678; pro Betätigung; Phase; K; IIa	**A** Statistische "Kennzahlen" **B** Normiertes Verhalten **C** Relative Phasenwerte Balkendiagramm mit min/max-Werten	▪ Standarduntersuchung ▪ Darstellung der Typencharakteristik ▪ Qualitätssicherung in der Fertigung
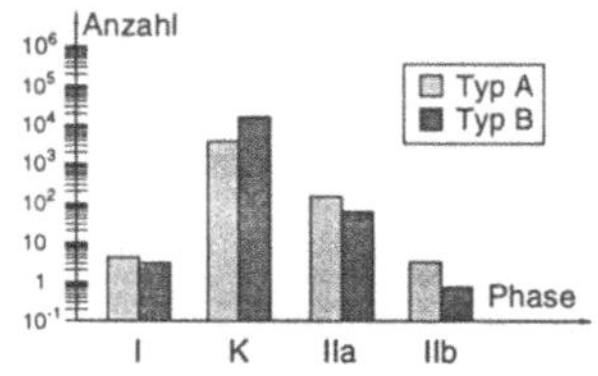 Anzahl; Typ A; Typ B; Phase; I; K; IIa; IIb	**A** Phasensummierte Meßdaten **B** Komponentenvergleich bei Variation einer Einflußgröße **C** Phasenkennzahlen Balkendiagramm	▪ Komponentenauswahl ▪ Qualifizierung durchgeführter Optimierungen
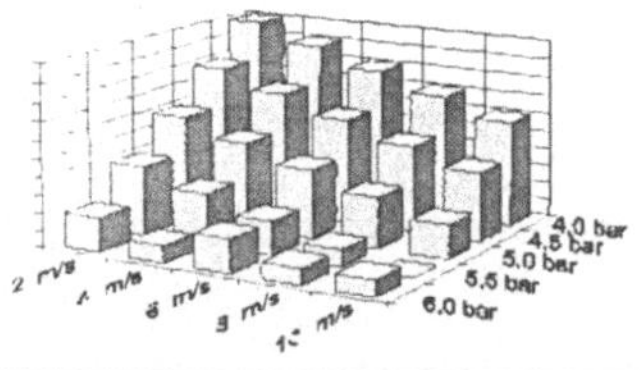 4,0 bar; 4,5 bar; 5,0 bar; 5,5 bar; 6,0 bar	**A** Meßwerte **B** Betriebspunktvergleich **C** parameter bedingte Kennzahlen, Balkendiagramm	▪ Betriebspunkt-bestimmung ▪ Ermittlung des Einsatzbereiches

LEGENDE	A Art der Daten	B Zweck der Darstellung	C Form und Inhalt der Darstellung

Bild 6.16: Darstellung möglicher Signalarten der Meßdatenzeitverlaufsreihe

7 Umsetzung und Erprobung des Verfahrens an ausgewählten praxisbezogenen Anwendungen

7.1 Handhabung des Prüfstandes

Zur Handhabung des Prüfstandes empfiehlt sich folgende Vorgehensweise.

7.1.1 Allgemeine vorbereitende Maßnahmen

Bevor man mit den Messungen nach dem entwickelten Prüfverfahren beginnt, sollte man die in Bild 7.1 erwähnten Punkte bearbeitet haben.

Bild 7.1: Vorbereitende Maßnahmen für eine Untersuchung

7.1.2 Inbetriebnahme und Stillegung des Prüfstandes

■ **Inbetriebnahme des Prüfstandes**

Eine Inbetriebnahme des Prüfstandes ist erforderlich, wenn:

- mit einer Untersuchung begonnen wird,
- eine Instandsetzung durchgeführt bzw. Bauteile ausgetauscht wurden oder
- der Status des Prüfaufbaus nicht dokumentiert bzw. bekannt ist.

Zu Beginn der Inbetriebnahme sollte der Status des Prüfstandes dem Status nach der Routinestillegung entsprechen. Die weitere Vorgehensweise ist in Bild 7.2 beschrieben.

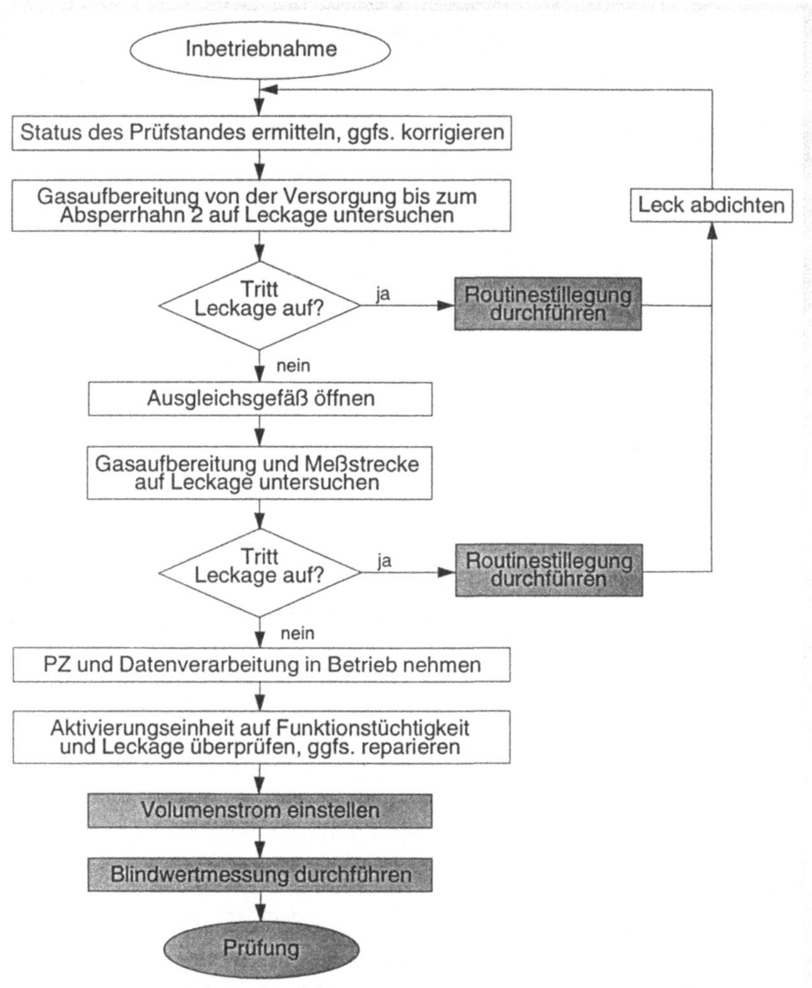

Bild 7.2: Inbetriebnahme des Prüfstandes

Volumenstromeinstellung

Für die Volumenstromeinstellung wird in den Prüfstand eine zu den zu prüfenden Komponenten baugleiche "Dummy-Komponente" eingebaut. Hinter dieser Komponente wird anstelle des Probenahmesystems ein Volumenstrommesser eingebaut (vergleiche Bild 7.3). Der gewünschte Volumenstrom wird mittels des Druckminderers bei stationärem Betrieb der Komponente eingestellt. Wenn der Volumenstrom eingestellt ist, wird die Position des Druckminderers fixiert und der Volumenstrommesser ausgebaut.

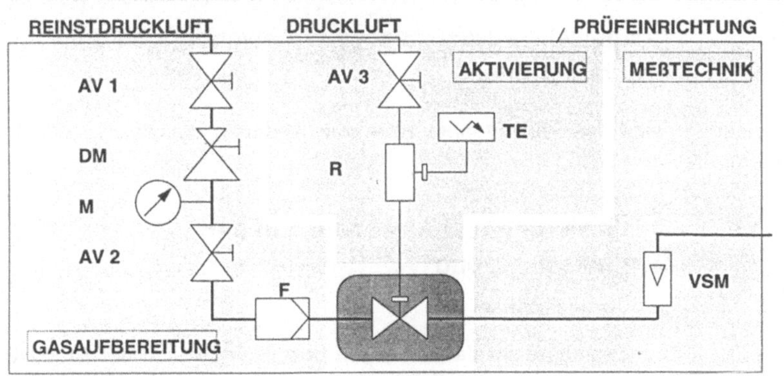

Bild 7.3: Prüfaufbau zur Einstellung des Volumenstromes

Blindwertmessung

Nach Anschluß des Probenahmesystems mit Partikelzähler an die "Dummy-Komponente" wird bei stationärem Betrieb eine Blindwertmessung durchgeführt, um die Qualität des "Nullpartikelgases" zu überprüfen und eine mögliche Kontamination des Prüfmediums (z. B. bei defektem Filter) innerhalb der Gasaufbereitung festzustellen. Nach erfolgreicher Blindwertmessung, dies bedeutet eine Messung von null Partikeln über 5 Minuten, wird die "Dummy-Komponente" ausgebaut und die Komponente für die eigentliche Messung installiert.

■ **Routinestillegung des Prüfstandes**

Nach der Routinestillegung muß der Prüfstand folgenden Zustand haben:

- alle Absperrhähne sind geschlossen,
- alle Druckminderer sind geschlossen,
- das gesamte System ist drucklos,
- alle offenen Leitungen und das Ausgleichsgefäß sind verschlossen und
- der Partikelzähler mit der Datenverarbeitung ist ausgeschaltet.

7.2 Ausgewählte praxisbezogene Anwendungen des Prüfverfahrens

Im folgenden wird das Prüfverfahren an 4 verschiedenen Beispielen dargestelllt und erprobt.

7.2.1 Qualifizierung und Anwendung in der Qualitätssicherung

■ **Aufgabenstellung**

In der Qualitätssicherung dient das Verfahren dazu, die Qualität der Produktion von Komponenten bezüglich der Partikelkontamination zu beurteilen bzw. zu überwachen. Als ein Beispiel für die vielfältigen Einsatzmöglichkeiten des Prüfverfahrens in der Qualitätssicherung wurde der Anlieferzustand von Filtern und die Kontamination durch Filter bei dynamischen Betrieb untersucht.

■ **Prüfaufbau**

Für die Prüfung von Filtern wurde der folgende Prüfaufbau verwendet (vergleiche Bild 7.4). Hierbei ist zu beachten, daß bei der Überprüfung von Filtern ein Taktventil in die Gasaufbereitung eingebaut wurde, um Messungen bei dynamischer Beanspruchung durchführen zu können. Der Filter zwischen dem Taktventil und dem zu prüfenden Filter, dient dazu ein nahezu Nullpartikelgas für die Untersuchung zur Verfügung zu stellen.

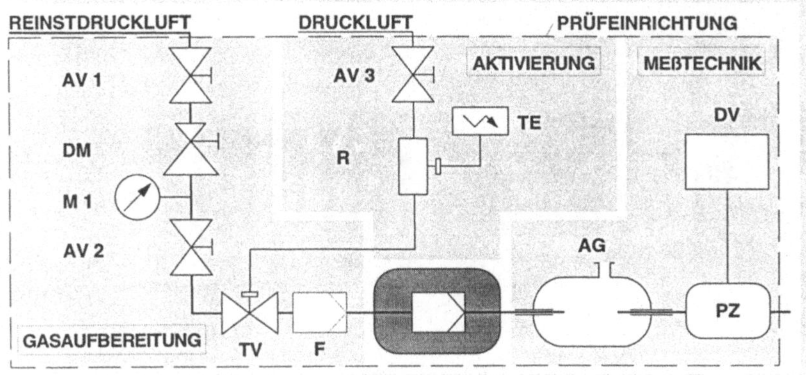

Bild 7.4: Prüfaufbau für Filterprüfungen

■ Prüfablauf

Bei dieser Untersuchung wurde das Standardverfahren, gemäß Bild 7.5 durchgeführt.

Phase	I	F	K	F	IIa	F
Prüfzeit [min]	5	5	10	5	20	5
Aktivierungen	0	0	60	0	10	0

Bild 7.5: Standardverfahren

■ Prüfdaten

In der Tabelle (siehe unten) sind wichtige Daten bezüglich der Betriebsgrößen, Meßgeräte, Meßprinzip, Art des Probenahmesystems usw. aufgelistet.

Meßgerät; Meßprinzip	Art des Probe-nahmesystems	Sampletime (incl. Delaytime)	Delaytime	Prüfgas
µlpc 110 drucklos	Ausgleichsgefäß	60 s	10 s	Reinstluft
	v*	**Volumenstrom**	**Steuerdruck**	**Schließzeit**
	10 m/s	750 Nl/h	4,5 bar	0,06 s

Bild 7.6: Prüfdaten bei der Untersuchung der Filter

■ Darstellung der Meßergebnisse

Für jede einzelne Komponente werden die Ergebnisse der Messung erfaßt. In Bild 7.7 sind die Ergebnisse für einen Filter als Balkendiagramm dargestellt.

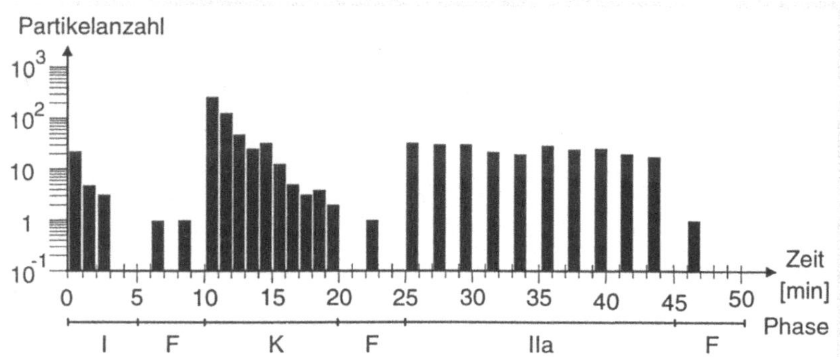

Bild 7.7: Einzelmessung der Komponente 14

Für die Phase IIa wurden für jede Komponente der Mittelwert der Messungen berechnet und in eine Qualitätsregelkarte eingetragen. Anhand der Untersuchungsergebnisse von mehreren Filtern wurden über den Mittelwert der Einzelmessungen (x) und die Standardabweichung die obere und die untere Eingriffsgrenze (OEG und UEG) berechnet.

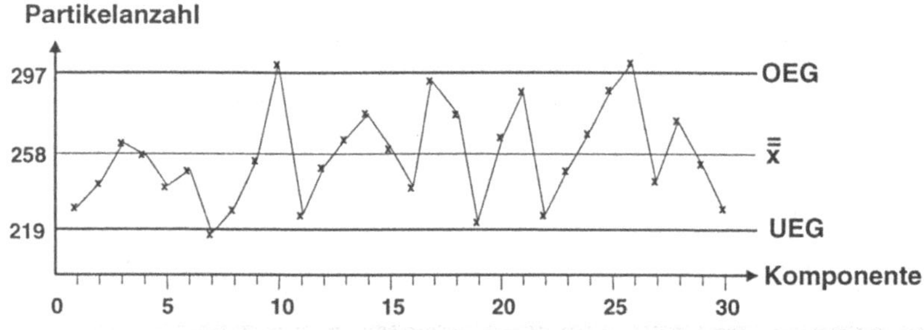

Bild 7.8: Qualitätsregelkarte

■ Auswertung, Interpretation, Fazit

Bei Betrachtung der Einzelmessung zeigt sich, daß der Anlieferzustand der Komponenten nur einem Bruchteil der Verschmutzung im dynamischen Betrieb entspricht. Des weiteren ist in der Prüfphase IIa eine leichte Abnahme der Partikelemission im dynamischen Betrieb zu erkennen. Bei den Messungen im statischen Betrieb in der Phase IIa tritt keine Partikelemission auf.

Durch die leichte Abnahme der Partikelemission im dynamischen Betrieb ist zu vermuten, daß die Partikelemision der Komponente bis zu einem bestimmten Grenzwert abnimmt. Um diese Vermutung zu bestätigen, müssen weiterführende Untersuchungen im Dauerbetrieb durchgeführt werden.

An Hand der Regelkarte ist es möglich jede geprüfte Komponente einzeln zu beurteilen, ob sie den Reinheitsanforderungen entspricht. Aber es ist auch möglich, gewisse Entwicklungen die Verschmutzung der Komponenten betreffend festzustellen.

Mit dem Standardverfahren der Prüfmethode kann in der Qualitätssicherung sowohl der Anlieferzustand als auch die durch die Komponente bei dynamischen Betrieb verursachte Verschmutzung beurteilt werden.

7.2.2 Anwendung zur Weiterentwicklung von Reinstgasversorgungskomponenten

- **Aufgabenstellung**

In diesem Anwendungsgebiet wird untersucht bzw. kontrolliert, ob und durch welche Änderungen von Parametern in den Bereichen Konstruktion, Material, Verarbeitung etc. eine Verbesserung des Kontaminationsverhaltens von Komponenten erfolgen kann.

Im Rahmen dieser Arbeit wurde eine Untersuchung durchgeführt, ob bei Ventilen durch Beizen (Komponente K1) oder Elektropolieren (Komponente K2) als Oberflächenbehandlung bessere Ergebnisse bezüglich der Partikelemission erzielt werden. Hierfür wurden vom Aufbau identische Ventile verwendet, um die Kontaminationsunterschiede ausschließlich auf die Oberflächenbehandlung zurückführen zu können.

- **Prüfaufbau**

Der für die Untersuchung eingesetzte Prüfaufbau ist in Bild 7.9 dargestellt.

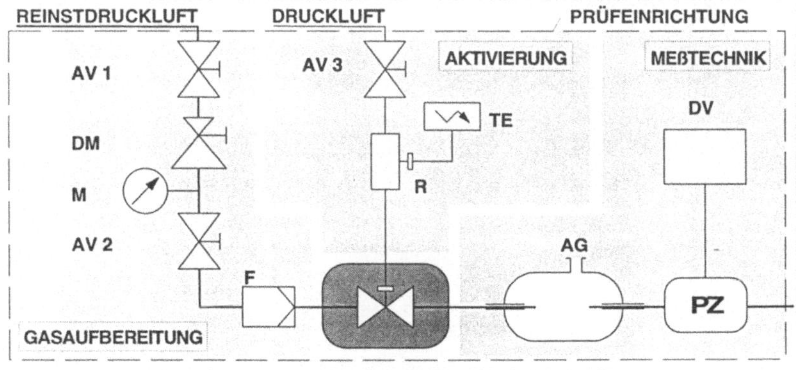

Bild 7.9: Prüfaufbau zur Untersuchung von Ventilen

■ **Prüfablauf**

Der Prüfablauf wurde entsprechend der in Kapitel 5 festgelegten Prüfintervalle durchgeführt (vergleiche Bild 7.10).

Phase	F	K	F	IIb
Prüfzeit [min]	5	10	5	20
Aktivierungen	0	60	0	10

Bild 7.10: Prüfablauf bei der Komponentenentwicklung

Da bei dieser Untersuchung der Anlieferzustand der Komponenten nicht von Interesse war, wurde in Abweichung zum Standardprüfverfahren die Phase I nicht durchgeführt. Des weiteren wurde die Phase IIa durch die Phase IIb ersetzt, weil hauptsächlich die Partikelemission bei dynamischen Betrieb von Interesse ist. Um die statistische Aussagekraft der Untersuchung zu erhöhen, wurden für jede Oberflächenbehandlung 5 Ventile überprüft. In den Prüfphasen F und K wurden darüber hinaus Proben für eine Elementaranalyse auf einem Filter entnommen.

■ **Prüfdaten**

Meßgerät; Meßprinzip	Art des Probenahmesystems	Sampletime (incl. Delaytime)	Delaytime	Prüfgas
µlpc 110 drucklos	Ausgleichsgefäß	60 s	10 s	Reinstluft
	v*	**Volumenstrom**	**Steuerdruck**	**Schließzeit**
	10 m/s	750 Nl/h	4,5 bar	0,06 s

Bild 7.11: Prüfdaten bei den Untersuchungen zur Weiterentwicklung von Komponenten

Darstellung der Meßergebnisse

Es wurden je 5 gebeizte Ventile (K1) und 5 elektropolierte Ventile (K2) untersucht.

Prüf-komponente	Prüfphase					
	K		IIb			
	Abs	Spann-weite	Abs	Mittel	Spann-weite	StAbw
K11	8246	736 1117	1321	132,1	62 216	46,2
K12	8940	106 1225	1983	198,3	91 345	69,1
K13	9100	774 1060	1737	173,7	126 265	44,8
K14	8956	765 1081	1958	195,8	86 256	53,2
K15	8423	734 1011	1405	140,5	71 225	51,7
K21	4318	393 477	949	94,9	88 107	7,1
K22	4082	381 443	992	99,2	89 107	6,8
K23	4039	380 443	972	97,2	80 146	19,4
K24	4256	380 443	919	91,9	70 126	18,3
K25	4134	380 443	985	98,5	78 134	15,4

Bild 7.12: Meßergebnisse der Untersuchungen an je 5 Ventilen

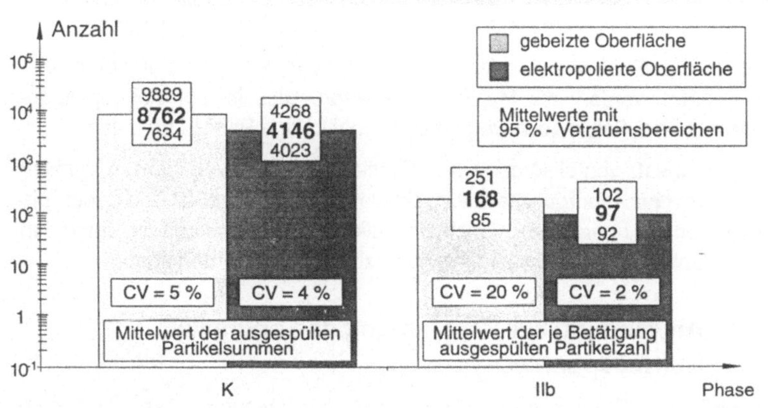

Bild 7.13: Statistische Auswertung der Phase IIb

Neben der Partikelzahl stellt die Analyse der Partikel bezüglich Größe und chemischer Zusammensetzung einen wichtigen Bestandteil der Prüfung dar.

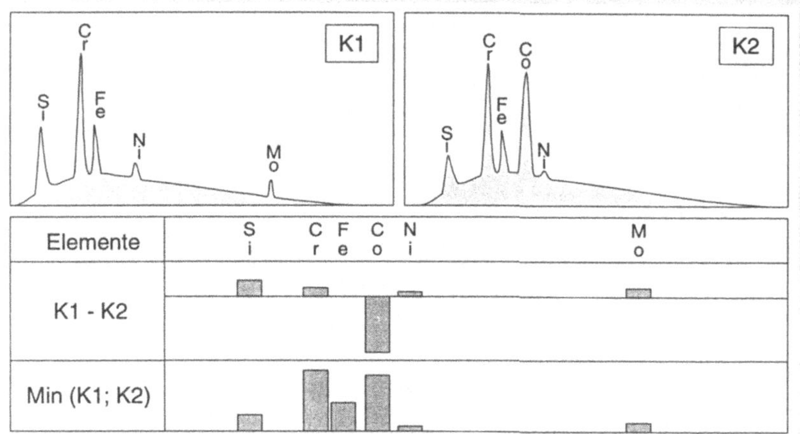

Bild 7.14: Partikelanalyse mit Rasterelektronenmikroskop und EDX

■ **Auswertung, Interpretation, Fazit**

Beim Konditionieren werden von einem gebeizten Ventil im Durchschnitt doppelt soviel Partikel emittiert wie von einem elektropolierten.

Der Vergleich der Meßergebnisse der Phase IIb zeigt, daß ein Ventil mit gebeizter Oberfläche bei dynamischer Belastung mehr Partikel emittiert als ein Ventil mit elektropolierter Oberfläche. Außerdem, wie der Variationskoeffizient zeigt, streuen die Meßergebnisse bei gebeizter Oberfläche mehr als bei elektropolierter.

Als Ergebnis der EDX-Analyse ist festzuhalten, daß bei gebeizter Oberfläche Partikel generiert werden, die Molybdän enthalten. Dies ist bei elektropolierter Oberfläche nicht der Fall, jedoch werden hier kobalthaltige Partikel generiert.

Daher ist der Einsatz von elektropolierten Ventilen anstelle von gebeizten Ventilen in einem Reinstgasversorgungssystem sinnvoller. Bei ihnen ist nicht nur die Partikelemission geringer sondern auch einheitlicher, d.h. man kann die durch den Einsatz der Ventile bedingte Systemverschmutzung besser vorhersagen.

7.2.3 Anwendung zur Bestimmung des optimalen Betriebspunktes

Das entwickelte Prüfverfahren kann zur Bestimmung des optimalen Betriebspunktes einer Komponente oder eines ganzen Gasversorgungssystemes verwendet werden.

7.2.3.1 Faltenbalgventil

■ **Aufgabenstellung**

Bei diesem Anwendungsgebiet wird versucht, durch Änderungen von Betriebsparametern, z. B. Strömungsgeschwindigkeit und Systemdruck, den optimalen Betriebspunkt zu ermitteln und somit den Partikeleintrag durch die Komponente in das Reinstgas zu minimieren. Die Vorgehensweise hierbei wird anhand der Optimierung des Betriebspunktes von einem Faltenbalgventil aufgezeigt. In Bild 7.15 sind die Mechanismen der Partikelgenerierung vor allem in Abhängigkeit vom Steuerdruck und der Strömungsgeschwindigkeit dargestellt.

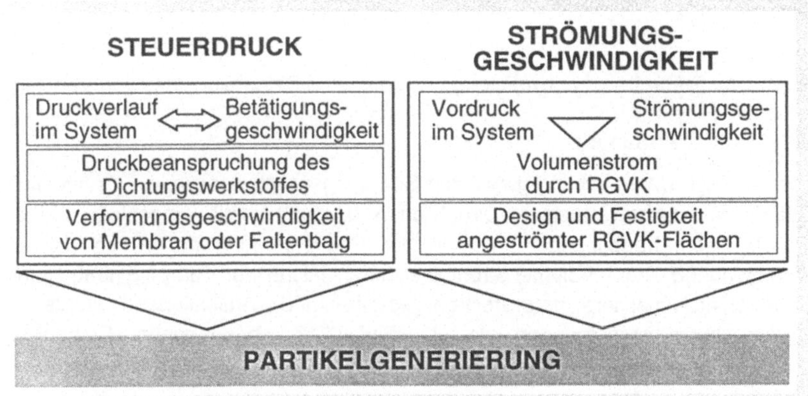

Bild 7.15: Partikelgenerierung in Abhängigkeit von Steuerdruck und Strömungsgeschwindigkeit

■ **Prüfaufbau**

Zur Optimierung des Betriebspunktes von Ventilen wird folgender Prüfaufbau eingesetzt.

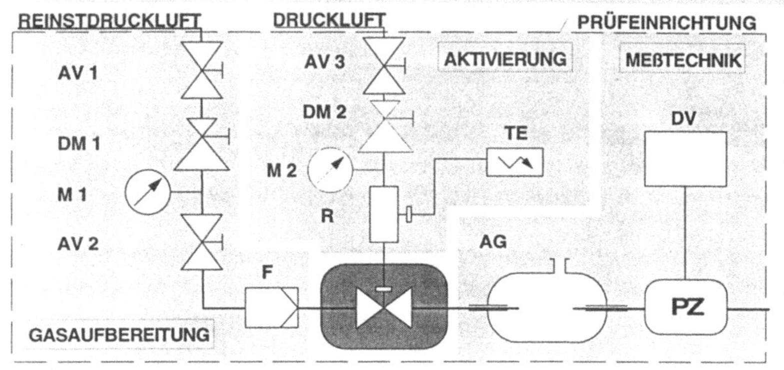

Bild 7.16: Prüfaufbau zur Ermittlung des optimalen Betriebspunktes von Ventilen

■ Prüfablauf

Die für diese Untersuchung gewählten Strömungsgeschwindigkeiten v (vergleiche Bild 7.18) wurden an einem baugleichen "Dummy-Ventil" eingestellt und der jeweils dabei herrschende Druck in der Gasversorgung notiert, so daß die Untersuchung zur Volumenstromeinstellung nicht für den Einbau eines Volumenstrommessers unterbrochen werden muß. Anschließend wurde die Untersuchung entsprechend der in Bild 7.17 angegebenen Reihenfolge durchgeführt.

Phase	F	K	F	IIbx
Prüfzeit [min]	5	10	5	20
Aktivierungen	0	60	0	20

Bild 7.17: Prüfablauf zur Ermittlung des optimalen Betriebspunktes

In der Phase IIbx wurde die Untersuchung dabei für jede Parametereinstellung entsprechend der in Bild 7.18 vorgegebenen Reihenfolge dreimal durchgeführt, um eine höhere statistische Aussagekraft zu erreichen. Die bei dem jeweiligen Steuerdruck benötigte Schließzeit t_S des Ventils ist unterhalb des Druckes angegeben.

v \ p / t_s	4 bar 0,012 s	4,5 bar 0,010 s	5 bar 0,008 s	5,5 bar 0,007 s	6 bar 0,006 s
2 m/s	1; 50; 51	6; 45; 56	11; 40; 61	16; 35; 66	21; 30; 71
4 m/s	2; 49; 52	7; 44; 57	12; 39; 62	17; 34; 67	22; 29; 72
6 m/s	3; 48; 53	8; 43; 58	13; 38; 63	18; 33; 68	23; 28; 73
8 m/s	4; 47; 54	9; 42; 59	14; 37; 64	19; 32; 69	24; 27; 74
10 m/s	5; 46; 55	10; 41; 60	15; 36; 65	20; 31; 70	25; 26; 75

Bild 7.18: Reihenfolge der Parameterpaare bei der Phase IIbx

- **Prüfdaten**

Meßgerät; Meßprinzip	Art des Probenahmesystems	Sampletime (incl. Delaytime)	Delaytime	Prüfgas
µlpc 110 drucklos	Ausgleichsgefäß	60 s	10 s	Reinstluft

Bild 7.19: Prüfdaten bei den Optimierungsuntersuchungen für das Faltenbalgventil

- **Darstellung der Meßergebnisse**

Für jedes Parameterpaar wurde der Mittelwert der Partikelanzahl aus den drei Messungen ermittelt und in ein dreidimensionales Diagramm eingetragen (vergleiche Bild 7.20).

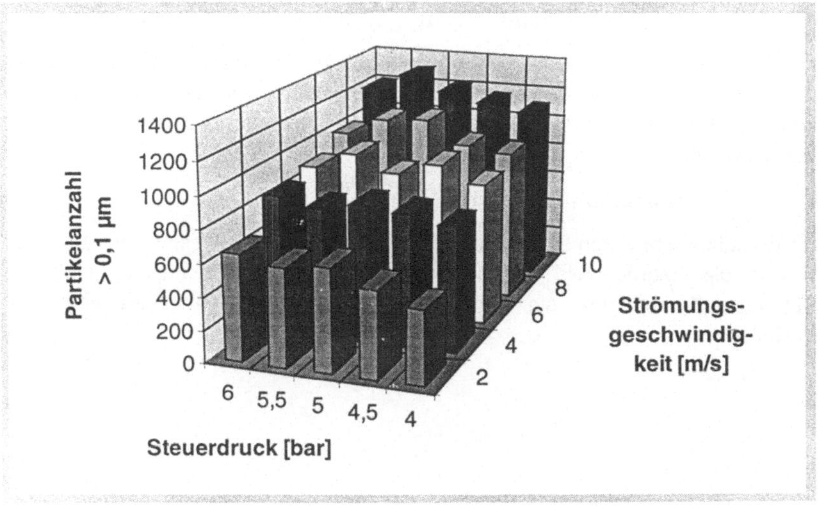

Bild 7.20: Mittlere Partikelanzahl > 0,1 µm der jeweiligen Parametereinstellung

■ **Auswertung, Interpretation, Fazit**

In der dreidimensionalen Darstellung ist eine deutliche Zunahme der Partikelemission mit einer Zunahme des Steuerdruckes zu erkennen. Der Gradient der Partikelzunahme mit Erhöhung der Strömungsgeschwindigkeit ist höher, woraus sich ableiten läßt, daß innerhalb des vorgegebenen Parameterfeldes eine Änderung der Strömungsgeschwindigkeit einen größeren Einfluß auf die Partikelemission als eine Änderung des Steuerdruckes hat.

Der optimale Betriebspunkt des Faltenbalgventiles innerhalb des untersuchten Parameterfeldes hinsichtlich der Partikelemission liegt bei einem Steuerdruck von 4 bar und einer Strömungsgeschwindigkeit von 2 m/s. Bei der Parameterkombination mit der höchsten Partikelemission beträgt die Anzahl der freigesetzten Partikel fast das dreifache der Anzahl der freigesetzten Partikel im optimalen Betriebspunkt.

Mit Hilfe dieses Prüfverfahrens können die optimalen Betriebsparameter einer Komponente ermittelt werden, wodurch die Verunreinigung des Systems durch die jeweilige Komponente minimiert werden können. Durch das Prüfverfahren kann ebenfalls ermittelt werden, welcher Parameter einen hohen bzw. geringen Einfluß auf das Partikelemissionsverhalten einer Komponente hat.

7.2.3.2 Gasversorgungssystem

Das beschriebene Prüfverfahren kann bei Gasversorgungssystemen zu Abnahmemessungen und zur Optimierung eingesetzt werden.

■ **Aufgabenstellung**

Innerhalb dieser Arbeit wurden Untersuchungen zur Optimierung eines Systemes durchgeführt. Ziel war es den optimaleren Betriebspunkt des Systemes hinsichtlich verschiedener Parameter (z. B. Steuerdruck, Volumenstrom, Druck am Point of Use) zu ermitteln.

■ **Prüfaufbau**

Zur Ermittlung der durch das System verursachten Partikelemission wird am Point of Use die "Meßtechnik" angeschlossen. Man kann sich anstelle einer zu prüfenden Komponente ein ganzes System in dem Prüfaufbau eingebaut vorstellen.

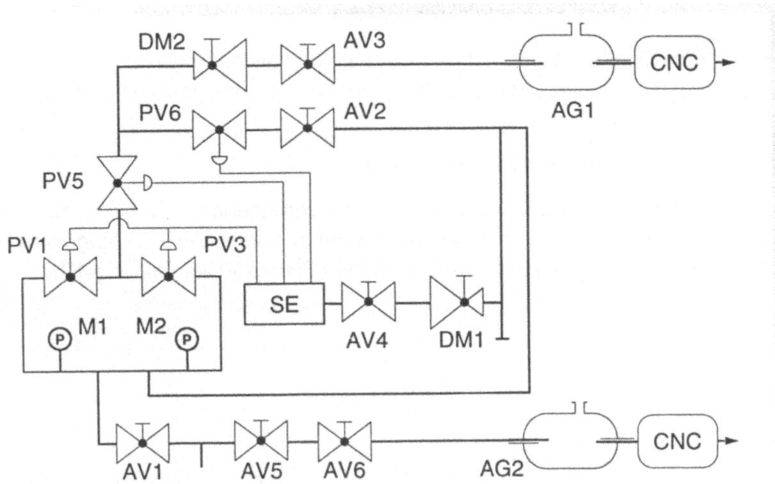

Bild 7.21: Prüfaufbau zur Optimierung eines Versorgungssystemes

■ Prüfablauf

Alle Untersuchungen an dem System hatten folgenden Ablauf:

Phase	F	IIb	F	IIb	F	IIb
Prüfzeit [min]	5	10	5	10	5	10
Aktivierungen	0	12	0	12	0	12

Bild 7.22: Prüfablauf der Optimierungsuntersuchung eines Systems

■ Prüfdaten

Bei den Untersuchungen wurde immer von folgender Grundeinstellung ausgehend die Größe eines Parameters verändert.

Meßgerät; Meßprinzip	**Art des Probe-nahmesystems**	**Sampletime (incl. Delaytime)**	**Delaytime**	**Druck im System**
CNC drucklos	Ausgleichs-gefäß	60 s	0 s	6 bar
Prüfgas	**Volumenstrom Meßstelle 2**	**Volumenstrom Meßstelle 1**	**Steuerdruck**	**Druck an Meßstelle 2**
Reinstluft	400 Nl/h	2400 Nl/h	6 bar	2 bar

Bild 7.23: Prüfdaten bei der Optimierungsuntersuchung eines Systems

■ Darstellung der Meßergebnisse

Für die Darstellung der Meßergebnisse wurde von den jeweiligen Untersuchungen der Mittelwert für eine Meßsequenz (Freispülen und instationärer Betrieb) berechnet.

a) Variation des Steuerdruckes

Die Ergebnisse der Untersuchungen mit verändertem Steuerdruck einer Meßsequenz (Freispülen und instationärer Betrieb) sind in Bild 7.24 dargestellt. Es wurden Untersuchungen mit drei verschiedenen Steuerdrücken durchgeführt.

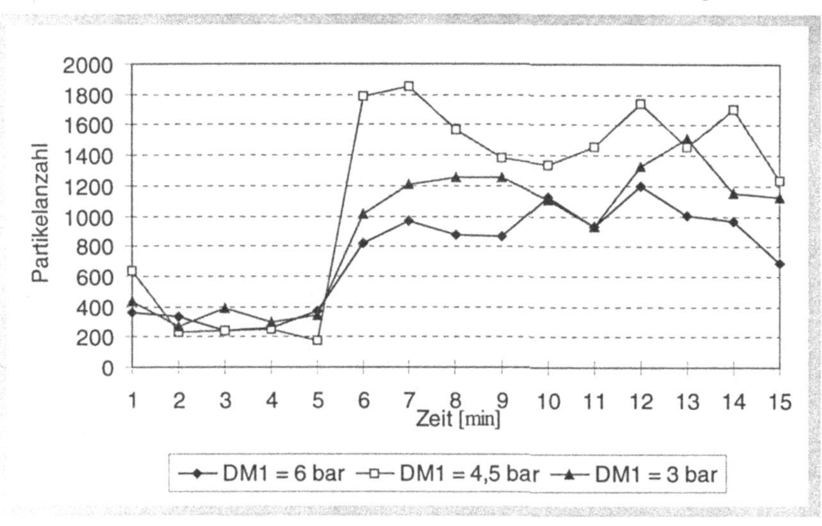

Bild 7.24: Meßergebnisse der Untersuchungen mit variablem Steuerdruck

b) Variation des Druckes an der Meßstelle

Bei diesen Untersuchungen wurde der Druck an der Meßstelle mit einem Druckminderer (DM 2) eingestellt.

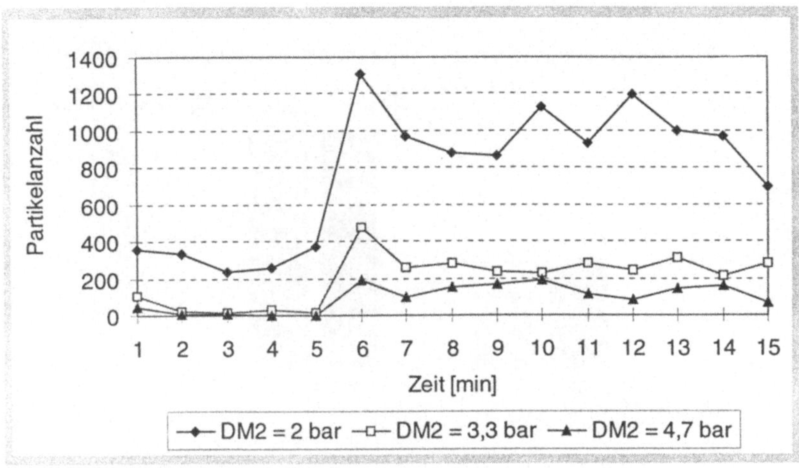

Bild 7.25: Meßergebnisse der Untersuchungen mit verändertem Druck an der Meßstelle

c) Variation des Volumenstromes

Die Ergebnisse der Messungen mit unterschiedlichem Volumenstrom können entweder auf die Zeit oder das Volumen bezogen werden.

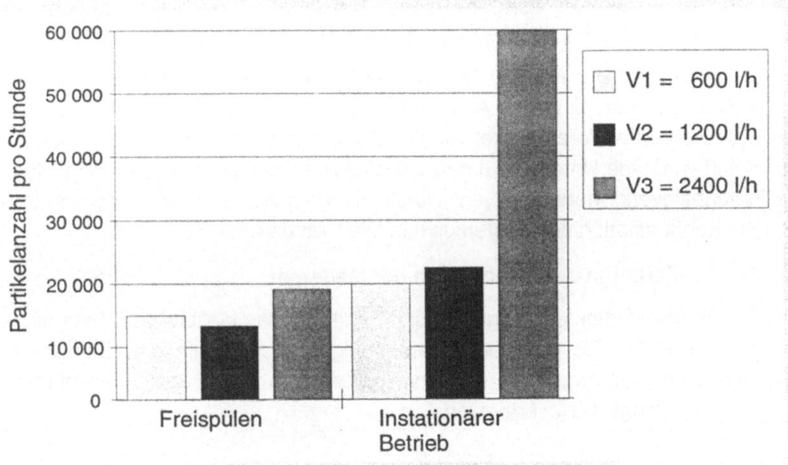

Bild 7.26: Meßergebnisse der Untersuchungen mit verändertem Volumenstrom an der Meßstelle bezogen auf die Zeit

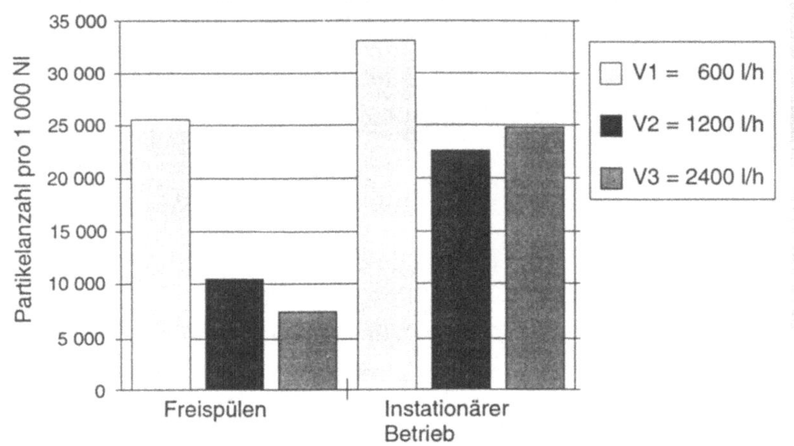

Bild 7.27: Meßergebnisse der Untersuchungen mit verändertlem Volumenstrom an der Meßstelle bezogen auf das Volumen

■ Auswertung, Interpretation, Fazit

a) Variation des Steuerdruckes

Die Ergebnisse der Untersuchungen zeigen, daß die Anzahl der im System erzeugten Partikel von der Größe des Steuerdruckes abhängt. Durch geeignete Wahl des Steuerdruckes kann bei sonst konstanten Betriebsbedingungen die Anzahl der Partikel auf die Hälfte reduziert werden.

Die höhere Anzahl der Partikel bei 4,5 bar Steuerdruck ist auf den Impulsstoß zurückzuführen, der bei der Aufnahme des Volumenstromes sichtbar wird. Hierdurch werden weitere Partikel von den Komponenten des Systems gelöst. Der Impulsstoß wird, wie Untersuchungen der einzelnen Komponenten zeigten, durch das Faltenbalgventil hervorgerufen. Durch die Umgehung dieses Steuerdruckes kann die Kontamination des Systemes minimiert werden.

b) Variation des Druckes an der Meßstelle

Der Einfluß der Druckregelung auf die Partikelkontamination des Sytems ist deutlich erkennbar. Die partikuläre Verunreinigung wird durch den Betrieb des Druckminderers hervorgerufen. Die Druckreduzierung durch den Druckminderer ist daher wenn möglich zu vermeiden.

c) Variation des Volumenstromes

Bezogen auf die Zeit ist die partikuläre Verunreinigung des Systemes bei instationärem Betrieb mit einem niedrigen Volumenstrom geringer als mit einem hohen. Betrachtet man jedoch die Partikelanzahl pro Volumeneinheit, so ist der niedrige Volumenstrom der ungünstigste.

Bei der Wahl des Volumenstromes eines Versorgungssystemes ist darauf zu achten, ob ein bestimmtes Volumen oder der Medienstrom für eine bestimmte Zeit benötigt wird.

7.3 Bewertung der Anwendbarkeit des Verfahrens

Das entwickelte Prüfverfahren ist für die beschriebenen Anwendungsgebiete einsetzbar. Die Untersuchungen haben gezeigt, daß das Verfahren reproduzierbare Meßergebnisse liefert und die für jedes Anwendungsgebiet gestellten Anforderungen erfüllt.

In der Qualitätssicherung von Komponenten ist eine Produkt- und Prozeßbeurteilung hinsichtlich der Verschmutzung der Komponenten mit dem entwickelten Verfahren möglich. Jedoch ist eine Kontrolle aller produzierten Komponenten aus Zeitgründen nicht wirtschaftlich, so daß von dem Prüfverfahren nur die Basisdaten für eine statistische Prozeßüberwachung geliefert werden können.

Das Verfahren eignet sich vor allem für die Weiterentwicklung von Komponenten, da hier der zeitliche Aufwand keine so große Rolle spielt.

Die Bestimmung des optimalen Betriebspunktes von Komponenten oder Systemen ist sehr zeitaufwendig und der Aufwand hierfür steigt mit der Anzahl der veränderbaren Parameter. Dies beeinflußt jedoch nicht die Anwendbarkeit des Verfahrens. Denn insbesondere bei der Betriebspunktoptimierung von Komponenten und Systemen, d. h. der Reduzierung der Partikelkontamination am P.O.U., ist eine Ausschußreduzierung der zu fertigenden Produkte (IC, Flatpanel, etc.) mit einer damit verbundenen Kosteneinsparung zu erwarten.

8 Zusammenfassung und Ausblick

8.1 Zusammenfassung

Das Ziel der vorliegenden Arbeit war die Entwicklung von Prüfverfahren zur Ermittlung der Partikelkontamination von Reinstgasversorgungskomponenten und -systemen. Dadurch wurde erstmals die Möglichkeit geschaffen, das Kontaminationsverhalten von Komponenten bzw. Systemen ganzheitlichl zu bewerten als auch zu verbessem. Die Optimierung kann einerseits durch Änderungen in der Herstellung und andererseits durch die Variation von Betriebsparametern erfolgen.

Aufbauend auf dem Stand der Technik erfolgte eine theoretische Analyse der Anwendungs- bzw. Einsatzgebiete für die Prüfverfahren. Weiterhin wurden das Partikelverhalten und die Systemdynamik von Reinstgasversorgungssystemen untersucht. Dabei wurden besonders die Wechselwirkungseffekte Partikel-Gas, die Mechanismen der Partikelfreisetzung und die Betriebsbedingungen in Reinstgasversorgungssystemen betrachtet. Weitere Schwerpunkte dieser Analysen waren das Kontaminationsverhalten von Komponenten und die einsetzbare Partikelmeßtechnik. Desweiteren wurden eine Recherche über Partikelgenerierungstechniken und eine Beurteilung dieser Methoden durchgeführt.

Auf der Basis der Analysen wurden die Anforderungen an die Prüfverfahren festgelegt. Anschließend wurden der Prüfablauf und der Prüfaufbau entworfen. Im Rahmen der durchgeführten Untersuchungen ergab sich, daß insbesondere für die industrielle Anwendung sowohl Prüfungen mit einfachen standardisierten Abläufen als auch Untersuchungen zur Optimierung und Weiterentwicklung mit flexiblen, anwendungsorientierten Abläufen zu entwickeln sind.

Zudem zeigte sich, daß Untersuchungen an Reinstgasversorgungskomponenten (Einzelkomponenten), Teilsystemen und gesamten Gasversorgungssystemen notwendig sind, um eine ganzheitliche Betrachtung der Partikelkontamination zu ermöglichen. Hierfür wurden Prüfabläufe und Prüfaufbauten konzipiert und aufgebaut.

Das Prüfverfahren wurde auf seine Tauglichkeit für folgende Einsatzgebiete überprüft:

- Weiterentwicklung von Reinstgasversorgungskomponenten
- Qualitätssicherung in der Produktion von Reinstgasversorgungskomponenten
- Optimierung des Einsatzes und der damit verbundenen Reduzierung der Partikelkontamination an Einzelkomponenten und Gasversorgungssystemen.

Die durchgeführten Untersuchungen lieferten neue Erkenntnisse. Es zeigte sich beispielsweise, daß elektropolierte Oberflächen in Ventilen zu einer Reduzierung der Partikelemission führen, eine dynamische Druckbeaufschlagung von Filtern dagegen eine starke Partikelgenerierung hervorruft.

Die Ergebnisse der Messungen spiegeln charakteristische Phänomene der Partikelgenerierung in Reinstgasversorgungssystemen wider. Damit ist die Eignung der Prüfverfahren für umfassende Untersuchungen und Messungen im Bereich der Reinstgasversorgung bewiesen.Die Optimierung der Betriebsparameter an einem Reinstgasversorgungssystem ergab eine Reduzierung der Partikelkontamination von über 80 %.

Das Ziel der "Entwicklung von Prüfvefahren zur Beurteilung von Reinstgasversorgungskomponenten bezüglich ihrer Partikelkontamination" wurde erreicht und zusätzlich durch die Formulierung von Standards ergänzt.

8.2 Ausblick

Mit dem vorliegenden Prüfverfahren wurde eine einheitliche Basis geschaffen, um das Partikelverhalten von Reinstgasversorgungskomponenten und -systemen in der Industrie systematisch zu untersuchen.

Die Prüfverfahren sind aufgrund ihres strukturierten, modularen Konzeptes für die in Zukunft weiter steigenden Anforderungen an die Reinheit von Gasversorgungssystemen geeignet.

Die dafür notwendigen Weiterentwicklungen im Bereich der Mess- und Analysetechnik für noch kleinere Partikeln sind schnell und ohne großen Aufwand an die Prüfverfahren adaptierbar.

Durch das realisierte Prüfverfahren wird erstmals eine ganzheitliche Betrachtung der Partikelemission in einem Reinstgasversorgungssystem möglich. Dadurch kann die Partikelkontamination von Reinstgasen stark verringert werden, was zu einer Reduzierung der Ausschußquote und damit zu einer Senkung der Produktionskosten führt.

9 Schrifttum

/1/ Scholz, C.: Ultrareinheit ist die Triebfeder der Innovation. In: Reinraumreport 2 1992, S. 1.

/2/ Huber, W.: Fortschrittliches Reinraumkonzept für die pharmazeutische Produktion. In: Reinraumtechnik 5/92, S. 16-22.

/3/ Gebhardt, H.: Kontaminationskontrolle in der Nahrungsmittelindustrie. In: Swiss Contamination Control 2 1992, S. 7-13.

/4/ Borkman, J. D.; Couch, W. R.; Malczewski, M. L.: Providing next-generation particle measurement and control for ultra-high-purity gas distribution systems. In: Microcontamination March 1992, S. 23-27, 60-62.

/5/ Rieger, W.: Steigende Qualitätsanforderungen an Chemikalien und Gase. In: Reinraumtechnik 4/92, S. 28-32.

/6/ Wiemer, K. C.; Burnett, J. R.: The FAB of the future: Concept and reality. In: Semiconducter International July 1992, S. 92-98.

/7/ Honold, A.: The needs for generations to come. In: European Semiconductor January 1993, S. 8-9.

/8/ Schmutz, W.: Der Schlüssel zur Zukunft. In: Reinraumreport 1 1992, S. 3.

/9/ Busnaina, A.: Solving process tool contamination problems. In: Semiconducter International September 1993, S. 72-75.

/10/ N.N.: "Ultrapure" market up. In: Semiconducter International April 1993, S. 24.

/11/ Lowrey, T.; Cloud, G.; Kelly, D.; Zagar, P.; Seyyedy, M.: The 64 Megabit DRAM challenge. In: Semiconducter International May 1993, S. 49-52.

/12/ Iscoff, R.: Process gas purity: The "nines" game. In Semiconductor International March 1995, S. 65-71.

/13/ N.N.: Mass spectrometer monitors contaminants to sub-ppm level for aggressive CVD. In: Microcontamination August 1994, S. 26.

/14/ Huling, B.: Tech trends. In: Microcontamination July/August 1992, S. 83-85.

/15/ Carr, P.; Filleul, M.: Pure at point of use. In: European Semiconductor April 1993, S. 14-15.

/16/ Hurd, B.: Ultra clean gas distribution Systems: the need for industry standards, In: Microcontamination Conference Proceedings 1989, S. 220.

/17/ Goldsmith, S.: Ultraclean gas distribution systems: the need for industry standards, In: Microcontamination Conference Proceedings 1989, S. 219.

/18/ Law, V.: Ultra-high purity gas distribution systems. In: European Semiconductor, April 1995, S. 61-62.

/19/ Francis, T.: Controlling process equipment contamination in the '90s. In: Semiconducter International October 1993, S. 62-66.

/20/ Kerkmann, B.: Permanente Überwachung mit System. In: Reinraumreport 5 1992, S. 15.

/21/ N. N.: VDI-Richtlinie 2083 Blatt 1, 04.95: Reinraumtechnik: Grundlagen, Definitionen und Festlegungen der Reinheitsklassen.

/22/ N. N.: VDI-Richtlinie 3491, 09.80: Messen von Partikeln.

/23/ Haese, U.: Überwachung und Charakterisierung von Aerosolen (1). In: Reinraumtechnik 6/92, S. 16-22.

/24/ N. N.: VDI-Richtlinie 3491 Blatt 1, 09.80: Messen von Partikeln: Kennzeichnung von Partikeldispersionen in Gasen, Begriffe und Definitionen.

/25/ N.N.: Gase für die Halbleitertechnik Firmenschrift, Linde.

/26/ N.N.: Gasekatalog 1989, Spezialgase und Equipment, UCAR Spezialgase, Union Carbide Deutschland GmbH, Lyonerstr. 10, 6000Frankfurt/M. 71, gedruckt in Belgien

/27/ N.N.: Gasekatalog, Specialty Gases L´Air Liquide GmbH, Bereich Alphagaz, Konrad Adenauer Platz 11, 4000 Düsseldorf 1

/28/ N.N.: Bericht der Gesellschaft für Mikroelektronik GME 1990

/29/ N.N.: Umwelt- und Gesundheitsauswirkungen der Herstellung und Anwendung sowie Entsorgung von Bauelementen und integrierten Schaltungen der Mikro- und Optoelektronik, FhG/IFT München, IAF Freiburg, ISI Karlsruhe, Kernforschungszentrum Karlsruhe 1990

/30/ Meyer, P.: Reinstgasversorgung im Labor. In: Reinraumtechnik 2/92, S. 20-23.

/31/ Singer, P.: Effective gas handling: a balance of cost and purity. In Semiconductor International September 1994, S. 64-68.

/32/ Krishnan, S.; Tudhope, A.; Laparra, O.; Grob, J.: Case study: Ultraclean gas delivery. In Semiconductor International April 1995, S. 89-96.

/33/ Carr, P.: In situ gas analysis. In: European Semiconductor, September 1994, S. 13-14.

/34/ Plante, W.; Jaillet, J.; Tawfik, R.: Using all-stainless-steel filters in hydrogen chloride gas lines:An investigation of contamination effects. In: Microcontamination May 1993, S. 29-35, 76-77.

/35/ N.N.: Reinstgasversorgung - Aufgabe für Spezialisten. In: Reinraumtechnik 2/92, S. 18-19.

/36/ Duguid, R.; Coder, S.; Binder, R.; Hertzler, B.: HCl gas distribution systems: The effect of surface finish and point-of-use purification. In: Solide State Technology July 1993, S. 79-85.

/37/ Haese, U.: Überwachung und Charakterisierung von Prüfaerosolen (2). In: Reinraumtechnik 1/93, S. 20-25.

/38/ Kobayashi, H.: How gas panels affect contamination. In Semiconductor International September 1994, S. 81-86.

/39/ Helsper, C.; Mölter, L.: Erzeugung von Prüfaerosolen für die Kalibrierung von optischen Partikelmeßverfahren nach VDI 3491, In: Technisches Messen 5 1989, S. 229-235.

/40/ Gebhart, J.: Laser-Partikelzähler, In: Swiss Chem 6 1986, S. 29-35.

/41/ Haller, P.: Partikelmeßtechnik, Möglichkeiten und Grenzen, In: Swiss Contamination Control 3 1991, S. 15-16.

/42/ N.N.: Condensation Nucleus Counter Model 3760, Firmenschrift TSI GmbH, September 1987.

/43/ Uritsky, Y.; Rana, V.; Ghanayem, S.; Wu, S.: Using an advanced particle analysis system for process improvement. In: Microcontamination May 1994, S. 25-29.

/44/ Herz, R.: Partikelmeßtechnik in Gasen und Flüssigkeiten In: Verbundprojekt Medienversorgung Bd. 8, Juni 1989.

/45/ Lee, J.-K.; Rubow, K. L.; Pui, D. Y. H.; Liu, B. Y. H.: Design and performance evaluation of a pressure-reducing device for aerosol sampling from high-purity gases. In: Aerosol Science and Technology 19 1993, S. 215-226.

/46/ Wang, H.-C.; Udischas, R.: Counting particles in high-pressure electronic specialty gases. In: Solide State Technology June 1994, S. 97-107.

/47/ N. N.: Climet CI 301

/48/ N. N.: Hiac Royco: High pressure diffuser Model 174. Menlo Park (USA), Firmenschrift.

/49/ N. N.: Malvern APC 5010

/50/ N. N.: IBR: Gas line pressure diffuser sampler D-100. Ann Arbor (USA), Firmenschrift.

/51/ N. N.: TSI Modell 375547 bzw. 7847 (neuere Bezeichnung)

/52/ N. N.: Particle measuring systems: High pressure diffuser, Model HPD-100. Boulder (USA), 1991_Firmenschrift.

/53/ N. N.: ROM Partikelmeßeinrichtung Eigenentwicklung Patent?

/54/ N. N.: Witt-Probenahmesystem Eigenentwicklung Patent?

/55/ N. N.: Isokinetic Probe And Pressure Reduction Assembly, US-Patent, derzeieit nicht erhältlich

/56/ N.N.: VDI-Richtlinie 2463: Messen von Partikeln Blatt 9: Messen der Massenkonzentration (Immission), Filterverfahren. LIS/P-Filtergerät (1987), Düsseldorf: VDI Verlag.

/57/ Periasamy, R.; Ensor, D. S.; Donovan, R. P.; Riddle, J.: Developing the Sematech test methods for evaluating cleanroom gas-handling components. In: Microcontamination June 1994, S. 33-39, 84.

/58/ Wang, H.-C.; Doddi, G.; Jurcik, B. Nishikawa, Y.: Establishing a particle test sequence for ultra-high-purity gas valves. In: Microcontamination April 1993, S. 25-33.

/59/ Periasamy, R.; Clayton, A.; Ensor, D.; Donovan, R.; Riddle, J.: Testing effects of actuator pressure on particle emission from air-actuated valves. In: Microcontamination March 1993, S. 25-29, 68.

/60/ Dorner, J.: Assessing the cleanliness of ultrapure gas supply components. In: Cleanrooms Oktober 1995, S. 24-28.

/61/ George, M.; Bohling, D.; Bailey, W.; Del Proto, T.; Harlan, K.; Magnella, C.: Minimizing system contamination potential from gas handling. In: Semiconducter International July 1993, S. 98-104.

/62/ John, W.: Particle-surface interactions: Charge transfer, energy loss, resuspension, and deagglomeration. In: Aerosol Science and Technology 23 1995, S. 2-24.

/63/ Chen, Y. K.; Yu, C. P.: Particle deposition from duct flows by combined mechanisms. In: Aerosol Science and Technology 19 1993, S. 389-395.

/64/ Dua, S. K.; Brand, P.; Karg, E.; Heyder, J.: Gravitational transport of particles in pure gases and gas mixtures. In: Aerosol Science and Technology 21 1994, S. 170-178.

/65/ Fotou, G. P.; Pratsinis, S. E.: A correlation for particle wall losses by diffusion in dilution chambers. In: Aerosol Science and Technology 18 1993, S. 213-218.

/66/ Keh, H. J.; Yu, J. L.: Migration of aerosol spheres under the combined action of thermophoretic and grvitational effects. In: Aerosol Science and Technology 22 1995, S. 250-260.

/67/ Selwyn, G. S.: The unconventional nature of particles. In: Semiconducter International March 1993, S. 73.

/68/ Li, A.; Ahmadi, G.: Computer simulation of deposition of aerosols in a turbulent channel flow with rough walls. In: Aerosol Science and Technology 18 1993, S. 11-24.

/69/ Warnecke, H.-J.; Kaun, R.: Messung der Partikelemission bei Reibbeanspruchung, In: Reinraumtechnik 1 1990, S. 36-41.

/70/ Schmitz, W.; Neuber, A.: Bestimmung der Leistungsdaten von Hoch- und Höchstleistungsfiltern, Interner Bericht 230, März 1990

/71/ Sommer, H. T.; Futrell, J. R. C.; Self, T. W.; Dominguez-S., L.: Condensation nucleus counter for certification of process gas supply systems,

/72/ N. N.: Particle measuring systems: Micro high pressure laser particle counter, Model Micro LPC-101 HP. Boulder (USA), 1994_Firmenschrift.

/73/ N.N.: Zeiss: Digitales Rasterelektronenmikroskop DSM 960. Oberkochen, 1990_Firmenschrift.

/74/ N.N.: Link Analytical: X-ray analyser QX20 - XAN - 0190. Bucks (GB), 1990_Firmenschrift.

/75/ Pui, D. Y. H.; Ye, Y.; Liu, B. Y. H.: Sampling, transport and deposition of particles in high purity gas supply system, Institute of Environmental Sciences, 9th ICCCS Proceedings 1988.

/76/ Li, A.; Ahmadi, G.: Dispersion and deposition of spherical particles from point sources in a turbulent channel flow. In: Aerosol Science and Technology 16 1992, S. 209-226.

/77/ Fan, B. J.; Wong, F.S.; McFarland, A. R.; Anand, N. K.: Aerosol deposition in sampling probes. In: Aerosol Science and Technology 17 1992, S. 326-332.

/78/ Anand, N. K.; McFarland, A. R.; Kihm, K. D.; Wong, F. S.: Optimization of aerosol penetration through transport lines. In: Aerosol Science and Technology 16 1992, S. 105-112.

/79/ Bowling, R. A.: A theoretical review of particle adhesion, In: Particle on surfaces - detection, adhesion and removal, Vol. 11, S. 129-142, Plenum Press, New York, 1988

/80/ Herz, R.: Verfahren zur Prüfung der Partikelkontamination in Versorgungssystemen für hochreine Flüssigkeiten, Dissertation, TU Stuttgart, Springer-Verlag, Berlin, Heidelberg, New York, London, Paris, Tokyo, Hong Kong, 1989

IPA Forschung und Praxis

Schriftenreihe aus dem Institut für Produktionstechnik und Automatisierung, Stuttgart

Herausgeber: Prof. Dr.-Ing. Dr. h. c. mult. H.-J. Warnecke

Datenerfassung im Produktionsbereich
Von E. Bendeich. ISBN 3-7830-0117-8.
1977, 176 Seiten, kartoniert. 54,— DM

Methodenauswahl für die Materialbewirtschaftung in Maschinenbau-Betrieben
Von H. Graf. ISBN 3-7830-0136-6.
1977, 144 Seiten, kartoniert. 54,— DM

Systematische Auswahl von Förderhilfsmitteln für den innerbetrieblichen Materialfluß
Von W. Rau. ISBN 3-7830-0139-0.
1977, 103 Seiten, kartoniert. 40,— DM

Grundlagen zur Planung von Ersatzteilfertigungen
Von E. Schulz. ISBN 3-7830-0138-2.
1977, 98 Seiten, kartoniert. 40,— DM

Rechnerunterstützte Fabrikplanung
Von B. Minten. ISBN 3-7830-0116-1.
1977, 124 Seiten, kartoniert. 38,— DM

Eine Planungsmethode für automatische Montagesysteme
Von H.-G. Löhr. ISBN 3-7830-0120-X.
1977, 108 Seiten, kartoniert. 32,— DM

Planung und Bewertung von Arbeitssystemen in der Montage
Von H. Metzger. ISBN 3-7830-0131-5.
1977, 108 Seiten, kartoniert. 40,— DM

Klassifizierungssystem für Prüfmittel der industriellen Längenprüftechnik
Von R. Czetto. ISBN 3-7830-0144-7.
1978, 181 Seiten, kartoniert. 64,— DM

Rechnerunterstützte Montageplanung
Von O. Hirschbach. ISBN 3-7830-0149-8.
1978, 146 Seiten, kartoniert. 52,— DM

Rechnerunterstützte Entwicklung von Simulationsmodellen für Unternehmensplanspiele
Von A. Moker. ISBN 3-7830-0147-1.
1978, 181 Seiten, kartoniert. 64,— DM

Arbeitsplatzanalysen zur Ermittlung der Einsatzmöglichkeiten und Anforderungen an Industrieroboter
Von G. Herrmann. ISBN 37830-0151-X.
1978, 113 Seiten, kartoniert. 40,— DM

MFSP — Ein Verfahren zur Simulation komplexer Materialflußsysteme
Von G. Stemmer. ISBN 3-7830-0118-8.
1977, 140 Seiten, kartoniert. 60,— DM

Berührungslose Erkennung durch Positionsbestimmung von Objekten durch inkohärent-optische Korrelation
Von M. König. ISBN 3-7830-0137-4.
1977, 110 Seiten, kartoniert. 40,— DM

Auslegung von Störungspuffern in kapitalintensiven Fertigungslinien
Von R. v. Stetten. ISBN 3-7830-0140-4.
1977, 154 Seiten, kartoniert. 56,— DM

Flexible Transportablaufsteuerung
Von G. Römer. ISBN 3-7830-0114-5.
1977, 188 Seiten, kartoniert. 60,— DM

Rechnergestützte Realplanung von Fabrikanlagen
Von T.-K. Sauter. ISBN 3-7830-0119-6.
1977, 108 Seiten, kartoniert. 32,— DM

Systematisches Auswählen und Konzipieren von programmierbaren Handhabungsgeräten
Von R. D. Schraft. ISBN 3-7830-0115-3.
1977, 108 Seiten, kartoniert. 32,— DM

Auslandsproduktion
Von W. Cypris. ISBN 3-7830-0145-5.
1978, 126 Seiten, kartoniert. 42,— DM

Wirtschaftlicher Einsatz von Mehrkoordinatenmeßgeräten
Von M. Dietzsch. ISBN 3-7830-0148-X.
1978, 142 Seiten, kartoniert. 52,— DM

Fertigungssteuerung bei flexiblen Arbeitsstrukturen
Von K.-G. Lederer. ISBN 3-7830-0146-3.
1978, 128 Seiten, kartoniert. 42,— DM

Untersuchungen zum Polieren und Entgraten durch elektrochemisches Oberflächenabtragen
Von K. Zerweck. ISBN 3-7830-0150-1.
1978, 110 Seiten, kartoniert. 40,— DM

IPA Forschung und Praxis

Berichte aus dem Fraunhofer-Institut für Produktionstechnik und Automatisierung, Stuttgart, und dem Institut für Industrielle Fertigung und Fabrikbetrieb der Universität Stuttgart

Herausgeber: Prof. Dr.-Ing. Dr. h. c. mult. H.-J. Warnecke

---

38 **Arbeitsgangterminierung mit variabel strukturierten Arbeitsplänen — Ein Beitrag zur Fertigungssteuerung flexibler Fertigungssysteme**
Von U. Maier. ISBN 3-540-10213-2.
1980, 111 Seiten mit 45 Abbildungen. 43.– DM

39 **Kapazitätsabgleich bei flexiblen Fertigungssystemen**
Von P. S. Nieß. ISBN 3-540-10372-4.
1980, 151 Seiten mit 57 Abbildungen. 48.– DM

40 **Schichtdickenverteilung auf galvanisierten Paßteilen am Beispiel kleiner abgesetzter Wellen und Bohrungen**
Von D. Wolfhard. ISBN 3-540-10373-2.
1980, 177 Seiten mit 83 Abbildungen. 48.– DM

41 **Planung von Mehrstellenarbeit unter Berücksichtigung von Umfeldaufgaben**
Von S. Häußermann. ISBN 3-540-10374-0.
1980, 136 Seiten mit 59 Abbildungen. 48.– DM

42 **Untersuchungen zur Schmierfilmdicke in Druckluftzylindern — Beurteilung der Abstreifwirkung und des Reibungsverhaltens von Pneumatikdichtungen mit Hilfe eines neu entwickelten Schmierfilmdicken-meßverfahrens**
Von R. Köhnlechner. ISBN 3-540-10375-9.
1980, 100 Seiten mit 38 Abbildungen und 4 Tabellen. 43.– DM

43 **Typologie zum überbetrieblichen Vergleich von Fertigungssteuerungsverfahren im Maschinenbau**
Von G. Rabus. ISBN 3-540-10376-7.
1980, 174 Seiten mit 88 Abbildungen und 21 Tafeln. 48.– DM

44 **System zur Planung des Umlaufbestandes in Betrieben mit Serienfertigung**
Von K.-G. Wilhelm. ISBN 3-540-10377-5.
1980, 142 Seiten mit 67 Abbildungen und 15 Tafeln. 48.– DM

45 **Rechnerunterstützte Arbeitsplanerstellung mit Kleinrechnern, dargestellt am Beispiel der Blechbearbeitung**
Von W. Hoheisel. ISBN 3-540-10505-0.
1981, 169 Seiten mit 74 Abbildungen. 48.– DM

46 **Beitrag zur Verbesserung der Wirtschaftlichkeit EDV-unterstützter Fertigungssteuerungssysteme durch Schwachstellenanalyse**
Von J. Lienert. ISBN 3-540-10506-9.
1981, 148 Seiten mit 37 Abbildungen. 48.– DM

47 **Die Abscheidung von Öl an Entlüftungsöffnungen drucklufttechnischer Anlagen**
Von W.-D. Kiessling. ISBN 3-540-10604-9.
1981, 117 Seiten mit 48 Abbildungen und 3 Tabellen. 43.– DM

48 **Dynamische Optimierung technisch-ökonomischer Systeme**
Von J. Warschat. ISBN 3-540-10717-7.
1981, 132 Seiten mit 60 Abbildungen. 43.– DM

49 **Bildsensor zur Mustererkennung und Positionsmessung bei programmierbaren Handhabungsgeräten**
Von H. Geißelmann. ISBN 3-540-10735-5.
1981, 125 Seiten mit 52 Abbildungen. 43.– DM

50 **Verfügbarkeitsberechnung für komplexe Fertigungseinrichtungen**
Von Ekkehard Gericke. ISBN 3-540-10779-7.
1981, 132 Seiten mit 71 Abbildungen. 43.– DM

51 **Materialflußgestaltung in Fertigungssystemen**
Von Willi Rößner. ISBN 3-540-10888-2.
1981, 149 Seiten mit 76 Abbildungen. 48.– DM

52 **Beitrag zur Analyse der Auswirkungen der Mikroelektronik, dargestellt am Beispiel der Büromaschinen-Industrie**
Von Werner Neubauer. ISBN 3-540-10991-9.
1981, 145 Seiten mit 27 Abbildungen und 47 Tabellen. 43.– DM

53 **Modelle von Informationssystemen zur kurzfristigen Fertigungssteuerung und ihre Gestaltung nach betriebsspezifischen Gesichtspunkten**
Von Roland Gentner. ISBN 3-540-10992-7.
1981, 181 Seiten mit 69 Abbildungen und 7 Tabellen. 48.– DM

54 **Entwicklung von Verfahren zur Terminplanung und -steuerung bei flexiblen Montagesystemen**
Von Jürgen H. Kölle. ISBN 3-540-11227-8.
1981, 132 Seiten mit 64 Abbildungen und 1 Faltplan. 43.– DM

55 **Arbeits- und Kapazitätsteilung in der Montage**
Von Stefan Dittmayer. ISBN 3-540-11228-6.
1981, 124 Seiten und 56 Abbildungen. 43.– DM

56 **Beitrag zur systematischen Planung der Qualitätsprüfung bei Klein- und Mittelserienfertigung**
Von Herbert Babic. ISBN 3-540-11325-8
1982, 108 Seiten mit 38 Abbildungen und 7 Tabellen. 53.– DM

57 **Methode zur rechnerunterstützten Einsatzplanung von programmierbaren Handhabungsgeräten**
Von Uwe Schmidt-Streier. ISBN 3-540-11355-X.
1982, 188 Seiten mit 72 Abbildungen. 53.– DM

58 **Werkstoff- und Energiekennwerte industrieller Lackieranlagen, am Beispiel der Automobilindustrie**
Von Rainer Manfred Thiel. ISBN 3-540-11356-8.
1982, 116 Seiten mit 59 Abbildungen. 53.– DM

59 **Maßnahmen zum Verbessern der pneumatischen Lackzerstäubung – Teilchengrößenbestimmung im Spritzstrahl –**
Von Klaus Werner Thomer. ISBN 3-540-11507-2.
1982, 162 Seiten mit 94 Abbildungen und 1 Tabelle. 53.– DM

60 **Ermittlung und Bewertung von Rationalisierungsmaßnahmen im Produktionsbereich**
Von Jürgen Schilde. ISBN 3-540-11730-X.
1982, 158 Seiten mit 57 Abbildungen. 53.– DM

61 **Untersuchung von Verfahren der Reihenfolgeplanung und ihre Anwendung bei Fertigungszellen**
Von Mohamed Osman. ISBN 3-540-11747-4.
1982, 124 Seiten mit 32 Abbildungen und 3 Tabellen. 53.– DM

62 **Ein Simulationsmodell zur Planung gruppentechnologischer Fertigungszellen**
Von Volker Saak. ISBN 3-540-11747-4.
1982, 134 Seiten mit 53 Abbildungen. 53.– DM

63 **Verfahren zur technischen Investitionsplanung automatisierter Fertigungsanlagen**
Von Günter Vettin. ISBN 3-540-11747-4.
1982, 134 Seiten mit 63 Abbildungen. 53.– DM

64 **Pneumatische Sensoren zur prozeßsimultanen Messung des Werkzeugverschleißes und zur Kollisionsvermeidung beim Messerkopffräsen**
Von Wolfgang Jentner. ISBN 3-540-11747-4.
1982, 126 Seiten mit 47 Abbildungen und 6 Tabellen. 53.– DM

65 **Rechnerunterstützte Gestaltung ortsgebundener Montagearbeitsplätze, dargestellt am Beispiel kleinvolumiger Produkte**
Von Eberhard Haller. ISBN 3-540-12015-7.
1982, 130 Seiten mit 43 Abbildungen. 53.– DM

66 **Fernsehüberwachung von Schutzgasschweißvorgängen mit abschmelzender Elektrode MIG – MAG**
Von Ruprecht Niepold. ISBN 3-540-12181-7.
1983, 178 Seiten mit 73 Abbildungen und 5 Tabellen. 58.– DM

67 **Entwicklung flexibler Ordnungssysteme für die Automatisierung der Werkstückhandhabung in der Klein- und Mittelserienfertigung**
Von Karl Weiss. ISBN 3-540-12455-1.
1983, 116 Seiten mit 68 Abbildungen. 58.– DM

68 **Automatisierte Überwachungsverfahren für Fertigungseinrichtungen mit speicherprogrammierten Steuerungen**
Von Werner Eißler. ISBN 3-540-12456-X.
1983, 128 Seiten mit 66 Abbildungen. 58.– DM

69 **Prozeßüberwachung beim Galvanoformen**
Von Jürgen Wilhelm Böcker. ISBN 3-540-12457-8.
1983, 118 Seiten mit 32 Abbildungen. 58.– DM

70 **LAPEX – Ein rechnerunterstütztes Verfahren zur Betriebsmittelzuordnung**
Von Stephan Mayer. ISBN 3-540-12490-X.
1983, 162 Seiten mit 34 Abbildungen und 2 Tabellen. 58.– DM

71 **Gestaltung eines integrierten Produktionssystems für die Sortenfertigung unter Einsatz der Clusteranalyse**
Von Gerald Weber. ISBN 3-540-12650-3.
1983, 194 Seiten mit 54 Abbildungen. 58.– DM

72 **Gußputzen mit sensorgeführten, programmierbaren Handhabungsgeräten**
Von Eberhard Abele. ISBN 3-540-12651-1.
1983, 133 Seiten mit 66 Abbildungen. 58,– DM

73 **Untersuchungen zur Herstellung und zum Einsatz galvanogeformter Erodierelektroden**
Von Harald Müller. ISBN 3-540-12822-0.
1983, 148 Seiten mit 78 Abbildungen. 58,– DM

74 **Ein Beitrag zur Optimierung der Prozeßführungsstrategien automatisierter Förder- und Materialflußsysteme**
Von Hans Steffens. ISBN 3-540-12968-5.
1983. 161 Seiten mit 60 Abbildungen. 58,– DM

75 **Entwicklung eines Verfahrens zur wertmäßigen Bestimmung der Produktivität und Wirtschaftlichkeit von Personalentwicklungsmaßnahmen in Arbeitsstrukturen**
Von Christian Müller. ISBN 3-540-13041-1.
1983. 129 Seiten mit 34 Abbildungen. 58,– DM

76 **Berechnung der Gestaltänderung von Profilen infolge Strahlverschleiß**
Von Wolfgang Marx. ISBN 3-540-13054-3.
1983. 121 Seiten mit 58 Abbildungen. 58,– DM

77 **Algorithmen zur flexiblen Gestaltung der kurzfristigen Fertigungssteuerung**
Von Rudolf E. Scheiber. ISBN 3-540-13500-6.
1984, 150 Seiten mit 73 Abbildungen und 1 Tabelle. 63.– DM

78 **Galvanisieren mit moduliertem Strom**
Von Jürgen Wolfgang Mann. ISBN 3-540-13733-5.
1984, 145 Seiten und 58 Abbildungen. 63,– DM

79 **Fluoreszenzmeßverfahren zur Schmierfilmdickenmessung in Wälzlagern**
Von Wolfgang Schmutz. ISBN 3-540-13777-7.
1984, 141 Seiten und 66 Abbildungen. 63,– DM

IPA-IAO Forschung und Praxis

Berichte aus dem Fraunhofer-Institut für Produktionstechnik und Automatisierung (IPA), Stuttgart, Fraunhofer-Institut für Arbeitswirtschaft und Organisation (IAO), Stuttgart, und Institut für Industrielle Fertigung und Fabrikbetrieb der Universität Stuttgart

Herausgeber: Prof. Dr.-Ing. Dr. h. c. mult. H.-J. Warnecke und Prof. Dr.-Ing. habil. Prof. E. h. Dr. h. c. H.-J. Bullinger

---

80 **Flexibilität und Kapazität von Werkstückspeichersystemen**
Von Bernhard Graf. ISBN 3-540-13970-2.
1984, 115 Seiten mit 71 Abbildungen. 63,– DM

T1 **Flexible Fertigungssysteme**
17. IPA-Arbeitstagung zusammen mit der 3. Internationalen Konferenz „Flexible Manufacturing Systems (FMS-3)". ISBN 3-540-13807-2.
1984, 249 Seiten mit zahlreichen Abbildungen. 118,– DM

T2 **Integrierte Bürosysteme**
3. IAO-Arbeitstagung. ISBN 3-540-13978-8.
1984, 633 Seiten mit zahlreichen Abbildungen. 168,– DM

81 **Rechnerunterstützte Planung von Montageablaufstrukturen für Erzeugnisse der Serienfertigung**
Von Ernst-Dieter Ammer. ISBN 3-540-15056-0.
1985, 120 Seiten mit 1 Faltblatt und 33 Abbildungen. 63,– DM

82 **Flexibilität von personalintensiven Montagesystemen bei Serienfertigung**
Von Heinrich Vähning. ISBN 3-540-15093-5.
1985, 152 Seiten mit 49 Abbildungen. 63,– DM

83 **Ordnen von Werkstücken mit programmierbaren Handhabungsgeräten und Werkstückerkennungssensoren**
Von Ingo Schmidt. ISBN 3-540-15375-6.
1985, 111 Seiten mit 66 Abbildungen. 63,– DM

84 **Systematische Investitionsplanung**
Von Jorge Moser. ISBN 3-540-15370-5.
1985, 190 Seiten mit 69 Abbildungen. 63,– DM

T3 **Montage · Handhabung · Industrieroboter**
Internationaler MHI-Kongreß im Rahmen der Hannover-Messe '85. ISBN 3-540-15500-7.
1985, 267 Seiten mit zahlreichen Abbildungen. 128,– DM

85 **Flexible Montagesysteme – Konzeption und Feinplanung durch Kombination von Elementen**
Von Peter Konold / Bernd Weller. ISBN 3-540-15606-2.
1985, 162 Seiten mit 71 Abbildungen und 9 Tabellen. 63,– DM

T4 **Menschen · Arbeit · Neue Technologien**
4. IAO-Arbeitstagung zusammen mit der 2. Internationalen Konferenz „Human Factors in Manufacturing". ISBN 3-540-15763-8.
1985, 442 Seiten mit zahlreichen Abbildungen. 168,– DM

86 **Leitstandunterstützte kurzfristige Fertigungssteuerung bei Einzel- und Kleinserienfertigung**
Von Lothar Aldinger. ISBN 3-540-15903-7.
1985, 151 Seiten mit 49 Abbildungen und 2 Tabellen. 63,– DM

87 **Bestimmen des Bürstenverhaltens anhand einer Einzelborste**
Von Klaus Przyklenk. ISBN 3-540-15956-8.
1985, 117 Seiten mit 74 Abbildungen. 63,– DM

88 **Montage großvolumiger Produkte mit Industrierobotern**
Von Jörg Walther. ISBN 3-540-16027-2.
1985, 125 Seiten mit 58 Abbildungen. 63,– DM

89 **Algorithmen und Verfahren zur Erstellung innerbetrieblicher Anordnungspläne**
Von Wilhelm Dangelmaier. ISBN 3-540-16144-9.
1986, 268 Seiten mit 79 Abbildungen. 68,– DM

90 **Bewertung der Instandhaltung von Fertigungssystemen in der technischen Investitionsplanung**
Von Hagen U. Uetz. ISBN 3-540-16166-X.
1986, 129 Seiten mit 38 Abbildungen. 68,– DM

91 **Entgraten durch Hochdruckwasserstrahlen**
Von Manfred Schlatter. ISBN 3-540-16172-4.
1986, 167 Seiten mit 89 Abbildungen und 18 Tabellen. 68,– DM

92 **Werkstückorientierte Verfahrensauswahl zum Gußputzen mit Industrierobotern**
Von Wolfgang Sturz. ISBN 3-540-16224-0.
1986, 156 Seiten mit 59 Abbildungen. 68,– DM

93 **Verfahren zur Verringerung von Modell-Mix-Verlusten in Fließmontagen**
Von Reinhard Koether. ISBN 3-540-16499-5.
1986, 175 Seiten mit 46 Abbildungen und 1 Tabelle. 68,– DM

94 **Entwicklung und Einsatz eines interaktiven Verfahrens zur Leistungsabstimmung von Montagesystemen**
Von Günter Schad. ISBN 3-540-16978-4.
1986, 120 Seiten mit 31 Abbildungen und 1 Tabelle. 68,– DM

95 **Qualifizierung an Industrierobotern**
Von Wolfgang Bachl. ISBN 3-540-17018-9.
1986, 218 Seiten mit 30 Abbildungen. 68,– DM

96 **Rechnersimulation des Beschichtungsprozesses beim Elektrotauchlackieren – Anwendung zum Berechnen des Umgriffs**
Von Otto Baumgärtner. ISBN 3-540-17102-9.
1986, 113 Seiten mit 42 Abbildungen. 68,– DM

97 **Ergonomische Gestaltung von Rotationsstellteilen für grob- und sensomotorische Tätigkeiten**
Von Werner F. Muntzinger. ISBN 3-540-17247-5.
1986, 135 Seiten mit 51 Abbildungen und 33 Tabellen. 68,– DM

98 **Die optische Rauheitsmessung in der Qualitätstechnik**
Von R.-J. Ahlers. ISBN 3-540-17242-4.
1986, 133 Seiten mit 56 Abbildungen und 2 Tabellen. 68,– DM

99 **Maschinelle Spracherkennung zur Verbesserung der Mensch-Maschine-Schnittstelle**
Von Gerhard Rigoll. ISBN 3-540-17350-1.
1986, 134 Seiten mit 55 Abbildungen. 68,– DM

100 **Konzeption und Auswahl modularer Magazinpaletten**
Von Thomas Zipse. ISBN 3-540-17584-9.
1987, 126 Seiten mit 54 Abbildungen. 68,– DM

101 **Anschlüsse an Kupferrohre – Herstellung und Automatisierungsmöglichkeit**
Von Eberhard Rauschnabel. ISBN 3-540-17807-4.
1987, 120 Seiten mit 88 Abbildungen. 68,– DM

102 **Mengen- und ablauforientierte Kapazitätsplanung von Montagesystemen**
Von Hans Sauer. ISBN 3-540-17815-5.
1987, 156 Seiten mit 64 Abbildungen. 68,– DM

103 **Verfahrensinstrumentarium zur Werkstückauswahl und Auslegung von Industrieroboterschweißsystemen**
Von Herbert Gzik. ISBN 3-540-17928-3.
1987, 138 Seiten mit 56 Abbildungen. 68,– DM

104 **Integration von Förder- und Handhabungseinrichtungen**
Von Joachim Schuler. ISBN 3-540-17955-0.
1987, 153 Seiten mit 61 Abbildungen. 68,– DM

105 **Produktionsmengen- und -terminplanung bei mehrstufiger Linienfertigung**
Von H. Kühnle. ISBN 3-540-18038-9.
1987, 124 Seiten mit 25 Abbildungen. 68,– DM

106 **Untersuchung des Plasmaschneidens zum Gußputzen mit Industrierobotern**
Von Jong-Oh Park. ISBN 3-540-18037-0.
1987, 142 Seiten mit 70 Abbildungen. 68,– DM

107 **Fügen von biegeschlaffen Steckkontakten mit Industrierobotern**
Von Daegab Gweon. ISBN 3-540-18134-2.
1987, 115 Seiten mit 13 Abbildungen. 68,– DM

108 **Entwicklung eines biomechanischen Modells des Hand-Arm-Systems**
Von Georgios Tsotsis. ISBN 3-540-18135-0.
1987, 163 Seiten mit 45 Abbildungen. 68,– DM

109 **Ein Beitrag zur Planungssystematik für die automatisierte flexible Blechteilefertigung**
Von Thomas Weber. ISBN 3-540-18136-9.
1987, 149 Seiten mit 56 Abbildungen. 68,– DM

110 **Entwicklung eines Meßverfahrens zur Bestimmung des Positionier- und Orientierungsverhaltens von Industrierobotern**
Von Günter Schiele. ISBN 3-540-18137-7.
1987, 116 Seiten mit 48 Abbildungen. 68,– DM

111 **Schwingungsbelastung beim Arbeiten mit handgeführten, einachsigen Motormähgeräten**
Von Peter Kern. ISBN 3-540-18193-8.
1987, 145 Seiten mit 43 Abbildungen und 5 Tabellen. 68,– DM

112 **Entwicklung eines berührungslosen Tastsystems für den Einsatz an Koordinatenmeßgeräten**
Von Hie-Sik Kim. ISBN 3-540-18578-X.
1987, 111 Seiten mit 62 Abbildungen und 4 Tabellen. 68,– DM

113 **Qualifizierung an Industrierobotern – Ziele, Inhalte und Methoden**
Von Volker Korndörfer. ISBN 3-540-18618-2.
1987, 318 Seiten mit 100 Abbildungen. 68,– DM

114 **Funktional und räumlich variables und modulares Laborgerätesystem**
Von Alfred Mack. ISBN 3-540-18786-3.
1988, 116 Seiten mit 39 Abbildungen. 73,– DM

115 **Produktrecycling im Maschinenbau**
Von Rolf Steinhilper. ISBN 3-540-18849-5.
1988, 167 Seiten mit 50 Abbildungen. 73,– DM

116 **Integration der montagegerechten Produktgestaltung in den Konstruktionsprozeß**
Von Rudolf Bäßler. ISBN 3-540-19058-9.
1988, 133 Seiten mit 49 Abbildungen. 73,– DM

117 **Ein Algorithmus zur kapazitätsorientierten Bildung von Losen**
Von Tilmann Greiner. ISBN 3-540-19300-6.
1988, 135 Seiten mit 37 Abbildungen. 73,– DM

118 **Kabelbaummontage mit Industrierobotern**
Von Gerd Schlaich. ISBN 3-540-19301-4.
1988, 131 Seiten mit 62 Abbildungen. 73,– DM

119 **Beitrag zur Verbesserung der Fertigungskostentransparenz bei Großserienfertigung mit Produktvielfalt**
Von Albrecht Köhler. ISBN 3-540-19393-6.
1988, 148 Seiten mit 72 Abbildungen. 73,– DM

120 **Entwicklungs- und Planungshilfen zum Aufbau von flexiblen Ordnungssystemen**
Von Rainer Schanz. ISBN 3-540-19394-4.
1988, 104 Seiten mit 48 Abbildungen. 73,– DM

121 **Bestücken von Leiterplatten mit Industrierobotern**
Von Ernst Wolf. ISBN 3-540-50013-8.
1988, 132 Seiten mit 63 Abbildungen. 73,– DM

122 **Verschleißvorgänge beim Querschneiden dünner Bahnen**
Von Thomas Hülsmann. ISBN 3-540-50049-9.
1988, 126 Seiten mit 47 Abbildungen und 5 Tabellen. 73,– DM

123 **Geometrieprüfung in der Fertigungsmeßtechnik mit bildverarbeitenden Systemen**
Von Claus P. Keferstein. ISBN 3-540-50050-2.
1988, 128 Seiten mit 53 Abbildungen. 73,– DM

124 **Modulares Simulationsmodell für die Abläufe in verketteten Fertigungszellen mit Industrierobotern**
Von Kum-Hoan Kuk. ISBN 3-540-50069-3.
1988, 130 Seiten mit 57 Abbildungen. 73,– DM

125 **Montage von Schläuchen mit Industrierobotern**
Von Bruno Frankenhauser. ISBN 3-540-50072-3.
1988, 139 Seiten mit 63 Abbildungen. 73,– DM

126 **Kommissioniersystem mit Roboter und Mehrstückgreifer**
Von Klaus Baumeister. ISBN 3-540-50133-9.
1988, 104 Seiten mit 53 Abbildungen. 73,– DM

127 **Sensorunterstütztes Programmierverfahren für das Entgraten mit Industrierobotern**
Von Dieter Boley. ISBN 3-540-50175-4.
1988, 128 Seiten mit 67 Abbildungen. 73,– DM

128 **Die Arbeitsraumgestaltung manueller Montagearbeitsplätze mit graphischen und wissensbasierten Methoden**
Von Klaus Lay. ISBN 3-540-50259-9.
1988, 129 Seiten mit 50 Abbildungen und 7 Tabellen. 73,– DM

129 **Automatisierung des Biegerichtens**
Von Stefan Thiel. ISBN 3-540-50432-X.
1988, 142 Seiten mit 57 Abbildungen und 5 Tabellen. 73,– DM

130 **Rechnergestützte Verfahren zur Auslegung der Mechanik von Industrierobotern**
Von Martin-Christoph Wanner. ISBN 3-540-50640-3.
1989, 202 Seiten mit 80 Abbildungen. 73,– DM

131 **Entwicklung eines bestandsorientierten Fertigungssteuerungssystems für die Großserienfertigung am Beispiel des Automobilbaus**
Von G. Hachtel. ISBN 3-540-50639-X.
1989, 163 Seiten mit 34 Abbildungen und 6 Tabellen. 73,– DM

132 **Ergonomische Gestaltung der Benutzerschnittstelle am Antriebssystem des Greifreifenrollstuhls**
Von Ludwig Traut. ISBN 3-540-50877-5.
1989, 210 Seiten mit 127 Abbildungen. 73,– DM

133 **Planung taktzeitoptimierter flexibler Montagestationen**
Von Joachim Schöninger. ISBN 3-540-50896-1.
1989, 122 Seiten mit 47 Abbildungen. 73,– DM

134 **Ein Modell für ein integriertes Qualitäts- und Prüfplanungssystem in der Montage**
Von Josef R. Kring. ISBN 3-540-51195-4.
1989, 140 Seiten mit 60 Abbildungen. 73,– DM

135 **Fertigungsstrukturierung auf der Basis von Teilefamilien**
Von Manfred Auch. ISBN 3-540-51290-X.
1989, 138 Seiten mit 34 Abbildungen. 73,– DM

136 **Kollisionsbehandlung als Grundbaustein eines modularen Industrieroboter-Off-line-Programmiersystems**
Von Andreas Altenhein. ISBN 3-540-51418-X.
1989, 129 Seiten mit 53 Abbildungen. 73,– DM

137 **Ein Beitrag zur Planung und Bewertung Neuer Arbeitsstrukturen in NE-Metallgießereien Dargestellt am Beispiel der Fertigungsinsel**
Von Horst Nespeta. ISBN 3-540-51419-8.
1989, 157 Seiten mit 58 Abbildungen. 73,– DM

138 **Verfahren zur Prüfung der Partikelkontamination in Versorgungssystemen für hochreine Flüssigkeiten**
Von Rolf Herz. ISBN 3-540-51457-0.
1989, 123 Seiten mit 61 Abbildungen. 73,– DM

139 **Messung gekrümmter Flächen mit berührungslosen Verfahren**
Von Leo Schreiber. ISBN 3-540-51493-7.
1989, 119 Seiten mit 72 Abbildungen. 73,– DM

140 **Automatisiertes Lackieren mit steuerbaren Spritzpistolen**
Von Konrad A. Ortlieb. ISBN 3-540-51518-6.
1989, 121 Seiten mit 45 Abbildungen. 73,– DM

141 **Grundlagen zur Entwicklung reinraumtauglicher Handhabungssysteme**
Von Jürgen Geißinger. ISBN 3-540-51959-9.
1989, 124 Seiten mit 82 Abbildungen. 73,– DM

142 **CAD-Video-Somatographie**
Entwicklung und Bewertung einer Methode zur anthropometrischen Arbeitsgestaltung
Von Dieter Lorenz. ISBN 3-540-52163-1.
1989, 169 Seiten mit 61 Abbildungen. 73,– DM

143 **Eine Systemarchitektur für die Gestaltung und das Management verteilter Informationssysteme**
Von Andreas J. Ness. ISBN 3-540-52224-7.
1990, 203 Seiten mit 62 Abbildungen. 78,– DM

144 **Untersuchungen über den optisch-physiologischen Eindruck der Oberflächenstruktur von Lackfilmen**
Von Horst Schene. ISBN 3-540-52226-3.
1990, 149 Seiten mit 106 Abbildungen. 78,– DM

145 **Planungsmethodik für ein Qualitätskostensystem**
Von Alfred Rauba. ISBN 3-540-52477-0.
1990, 166 Seiten mit 73 Abbildungen. 78,– DM

146 **Kleinserienbestückung von Leiterplatten mit bedrahteten Bauelementen durch Industrieroboter**
Von Martin Domm. ISBN 3-540-52867-9.
1990, 106 Seiten mit 48 Abbildungen. 78,– DM

147 **Sensor- und Steuerungssystem für die leitlinienlose Führung automatischer Flurförderzeuge**
Von Gerhard Drunk. ISBN 3-540-53033-9.
1990, 135 Seiten mit 52 Abbildungen. 78,– DM

148 **Ein System zur wissensbasierten Diagnose an CNC-Werkzeugmaschinen durch den Maschinenbediener**
Von Klaus-Peter Fähnrich. ISBN 3-540-53034-7.
1990, 132 Seiten mit 48 Abbildungen und 18 Tabellen. 78,– DM

149 **Werkstückbegleitender Informationsspeicher als Basis für ein informationstechnisches Konzept für Halbleiterfertigungen**
Von Klaus-Dieter Sauter. ISBN 3-540-53236-6.
1990, 115 Seiten mit 55 Abbildungen. 78,– DM

150 **Ein Planungsverfahren zur Erkennung und Bewältigung von Material- und Kapazitätsengpässen bei mehrstufiger Linienfertigung**
Von Ralf-Michael Fuchs. ISBN 3-540-53271-4.
1990, 176 Seiten mit 65 Abbildungen. 78,– DM

151 **Montage von Schrauben mit Industrierobotern**
Von Gernot E. Fischer. ISBN 3-540-53519-5.
1990, 97 Seiten mit 37 Abbildungen. 78,– DM

152 **Flächenorientierte Termin- und Kapazitätsplanung bei innerbetrieblicher Baustellenfertigung**
Von Rolf Schlauch. ISBN 3-540-53584-5.
1990, 130 Seiten mit 53 Abbildungen. 78,– DM

153 **Wissensbasierte Entscheidungsunterstützung bei der Auswahl von Industrierobotern**
Von Günter Jordan. ISBN 3-540-53744-9.
1991, 116 Seiten mit 49 Abbildungen. 78,– DM

154 **Simulationssystem für Fertigungsprozesse mit Stückgutcharakter**
Ein gegenstandsorientiertes System mit parametrisierter Netzwerkmodellierung
Von Bernd-Dietmar Becker. ISBN 3-540-53847-X.
1991, 162 Seiten mit 48 Abbildungen und 47 Tabellen. 78,– DM

155 **Algorithmen der Sprachverarbeitung zur Entwicklung eines vollsynthetischen Sprachausgabesystems**
Von Gerhard Rigoll. ISBN 3-540-53870-4.
1991, 321 Seiten mit 235 Abbildungen. 78,– DM

156 **Wissensbasierte CAD-Systemkomponente zum Entwurf montagegerechter Produkte**
Von Ralph Richter. ISBN 3-540-54725-8.
1991, 137 Seiten mit 56 Abbildungen. 78,– DM

157 **Heftschweißverfahren für das Lagefixieren von Werkstücken beim Schutzgasschweißen mit Industrierobotern**
Von Carsten Martin Claussen. ISBN 3-540-54951-X.
1991, 140 Seiten mit 43 Abbildungen. 78,– DM

158 **Ein Beitrag zur Meßdatenverarbeitung in der Koordinatenmeßtechnik**
Von Thomas Garbrecht. ISBN 3-540-55030-5.
1991, 135 Seiten mit 94 Abbildungen und 5 Tabellen. 78,– DM

159 **Ein Beitrag zur Planung und Optimierung der Verfahrensteilung in der Fertigung**
Von Hans-Peter Roth. ISBN 3-540-55113-1.
1992, 130 Seiten mit 50 Abbildungen. 78,– DM

160 **Flexible Montage von Leitungssätzen mit Industrierobotern**
Von Herbert H. Emmerich ISBN 3-540-55227-8.
1992, 135 Seiten mit 70 Abbildungen. 88,– DM

161 **Toleranzausgleichssysteme für Industrieroboter am Beispiel des feinwerktechnischen Bolzen-Loch-Problems**
Von Uwe Schweigert ISBN 3-540-55228-6.
1992, 119 Seiten mit 61 Abbildungen. 88,– DM

162 **Entwicklung eines interaktiven Simulators auf der Basis von Petri-Netzen zur Modellierung und Bewertung hybrider Montagestrukturen**
Von W. Schweizer ISBN 3-540-55229-4.
1992, 159 Seiten mit 76 Abbildungen. 88,– DM

163 **Entwicklung eines Verfahrens zur rechnerunterstützten Gestaltung verteilter Informationssysteme**
Von Friedemann Reim ISBN 3-540-55269-3.
1992, 151 Seiten mit 43 Abbildungen. 88,– DM

164 **EDV-gestützte Planungs- und Entscheidungshilfen zur Auslegung von Produktionsstrukturen mit strukturkostenoptimierten Dezentralen Verantwortungsbereichen**
Von Ulrich Hallwachs ISBN 3-540-55477-7.
1992, 186 Seiten mit 66 Abbildungen. 88,– DM

165 **Strömungstechnische Auslegung reinraumtauglicher Fertigungseinrichtungen**
Von Elmar Degenhart ISBN 3-540-55478-5.
1992, 137 Seiten mit 72 Abbildungen. 88,– DM

166 **Synthese und Simulation dreidimensionaler Hand-Arm-Bewegungen an manuellen Montagearbeitsplätzen**
Von Raimund Menges ISBN 3-540-55752-0.
1992, 215 Seiten mit 70 Abbildungen. 88,– DM

167 **Bewertung inhomogener fraktaler Strukturen und Skalenanalyse von Texturen**
Von Uwe Müssigmann ISBN 3-540-55796-2.
1992, 99 Seiten mit 43 Abbildungen. 88,– DM

168 **Ein Informationssystem für Instandhaltungsleitstellen**
Von Wilfried Sihn ISBN 3-540-55853-5.
1992, 167 Seiten mit 67 Abbildungen. 88,– DM

169 **Verfahren zum automatischen Palettieren von quaderförmigen Packstücken im beliebigen Sortenmix**
Von Walter Michael Strommer ISBN 3-540-55922-1.
1992, 105 Seiten mit 47 Abbildungen. 88,– DM

170 **Planung der Kinematik von Industrierobotersystemen zum Schutzgasschweißen im Schiffbau**
Von Wolfgang Utner ISBN 3-540-55923-X.
1992, 134 Seiten mit 31 Abbildungen und 3 Tabellen. 88,– DM

171 **Montage von Pressverbindungen mit Industrierobotern**
Von Günther Würtz ISBN 3-540-56300-8.
1992, 124 Seiten mit 55 Abbildungen. 88,– DM

172 **Rationalisierungspotential der montagegerechten Produktgestaltung bei der Montage mit Industrierobotern**
Von Thomas Schmaus ISBN 3-540-56400-4.
1992, 122 Seiten mit 55 Abbildungen. 88,– DM

173 **Erhöhung der Variantenflexibilität in Mehrmodell-Montagesystemen durch ein Verfahren zur Leistungsabstimmung**
Von Felix Fremerey ISBN 3-540-56549-3.
1993, 150 Seiten mit 38 Abbildungen und 6 Tabellen. 88,– DM

174 **Automatische Montage von O-Ringen**
Von Johannes F. Wößner ISBN 3-540-56657-0.
1993, 94 Seiten mit 43 Abbildungen. 88,– DM

175 **Systeme kombinierter multimodaler Mensch-Rechner-Interaktionen**
Von Karl-Heinz Hanne ISBN 3-540-56687-2.
1993, 131 Seiten mit 46 Abbildungen. 88,– DM

176 **Regelbasiertes Verfahren zur Montageablaufplanung in der Serienfertigung**
Von Klaus Thaler ISBN 3-540-56829-8.
1993, 132 Seiten mit 63 Abbildungen. 88,– DM

177 **Rechnergestütztes Bediensystem für einen Telemanipulator zur Sanierung von gemauerten Abwasserkanälen**
Von Kurt Alexander Schließmann ISBN 3-540-56875-1.
1993, 135 Seiten mit 57 Abbildungen und 7 Tabellen. 88,– DM

178 **Konturantastende und optoelektronische Koordinatenmeßgeräte für den industriellen Einsatz**
Von Wolfgang Rauh ISBN 3-540-56876-X.
1993, 124 Seiten mit 43 Abbildungen. 88,– DM

179 **Konzeption für ein Sensor- und Steuerungssystem zur automatischen Führung eines Walzenschrämladers entlang der Grenzlinie von Kohle und Nebengestein**
Von Stephan Matthias Forster ISBN 3-540-57159-0.
1993, 147 Seiten mit 63 Abbildungen. 88,– DM

180 **Ein dreidimensionales Bildverarbeitungssystem für die Automatisierung visueller Prüfvorgänge**
Von Jianzhong Lu ISBN 3-540-57160-4.
1993, 113 Seiten mit 45 Abbildungen und 2 Tabellen. 88,– DM

181 **Erschließung technischer und organisatorischer Potentiale durch die Komplettbearbeitung auf Drehmaschinen mit Hilfe der Teileanalyse**
Von Helmut Schaal ISBN 3-540-57212-0.
1993, 126 Seiten mit 42 Abbildungen und 2 Tabellen. 88,– DM

182 **Prüfverfahren zur Untersuchung der Partikelreinheit technischer Oberflächen**
Von Bernhard Klumpp ISBN 3-540-57302-X.
1993, 108 Seiten mit 50 Abbildungen. 88,– DM

183 **Automatisierung der Justage von Drehankerrelais**
Von G. Krüll ISBN 3-540-57303-8.
1993, 113 Seiten mit 59 Abbildungen. 88,– DM

184 **Prozeßstrukturen der chemischen Vernickelung**
Von Hans Gut ISBN 3-540-57304-6.
1993, 108 Seiten mit 37 Abbildungen und 5 Tabellen. 88,– DM

185 **Ein Verfahren zur Konstruktion anwendungoptimierter Ultraschallsensoren auf der Basis von Schallkanälen**
Von Achim Langen ISBN 3-540-57376-3.
1993, 140 Seiten mit 72 Abbildungen. 88,– DM

186 **Ein rechnerunterstütztes System für die technische Dokumentation und Übersetzung**
Von Renate Mayer ISBN 3-540-57409-3.
1993, 126 Seiten mit 59 Abbildungen. 88,– DM

187 **Theoretische und experimentelle Untersuchungen an dreidimensionalen Wirbelströmungen für industrielle Absauganlagen**
Von Wolf-Jürgen Denner ISBN 3-540-57410-7.
1993, 141 Seiten mit 78 Abbildungen und 10 Tabellen. 88,– DM

188 **Planungsmethodik für den Aufbau von Qualitätssicherungssystemen in kleinen und mittleren Produktionsunternehmen**
Von Rainer Hummel ISBN 3-540-57727-0.
1993, 221 Seiten mit 114 Abbildungen und 6 Tabellen. 88,– DM

189 **Plasmamodifikation von Kunststoffoberflächen zur Haftfestigkeitssteigerung von Metallschichten**
Von Dieter Andreas Mann ISBN 3-540-57745-9.
1994, 133 Seiten mit 83 Abbildungen und 6 Tabellen. 88,– DM

190 **Softwareentwicklung für speicherprogrammierbare Steuerungen im integrierten, rechnergestützten Konstruktionsprozeß**
Von Kornelius Hengel ISBN 3-540-57765-3.
1994, 133 Seiten mit 48 Abbildungen. 88,– DM

191 **Vorrichtungssysteme für die flexibel automatisierte Montage**
Von Armin Willy ISBN 3-540-57784-X.
1994, 121 Seiten mit 60 Abbildungen. 88,– DM

192 **Wissensbasiertes Selbstheilungs- und Diagnosesystem für CNC-Koordinatenmeßgeräte**
Von Wilhelm Steger ISBN 3-540-57829-3.
1994, 147 Seiten mit 79 Abbildungen. 88,– DM

193 **Modell für ein rechnerunterstütztes Qualitätssicherungssystem gemäß DIN ISO 9000 ff.**
Von Ulrich Lübbe ISBN 3-540-57831-5.
1994, 152 Seiten mit 59 Abbildungen. 88,– DM

194 **Vorgehenssystematik zum Prototyping graphisch-interaktiver Audio/Video-Schnittstellen**
Von Claus Görner ISBN 3-540-57886-2.
1994, 181 Seiten mit 66 Abbildungen. 88,– DM

195 **Bewertung von Rechnerinvestitionen durch den Vergleich von Wertschöpfungsketten**
Von Christian F. Mayer ISBN 3-540-57969-9.
1994, 144 Seiten mit 45 Abbildungen und 24 Tabellen. 88,– DM

196 **Ein Verfahren zur kostenorientierten Produktionsprogramm- und Kapazitätsplanung bei losweiser Montage**
Von J. Kurz ISBN 3-540-57971-0.
1994, 124 Seiten mit 26 Abbildungen und 3 Tabellen. 88,– DM

197 **Direktmontage von Leitungen mit Industrierobotern**
Von Stefan Koller ISBN 3-540-58224-X.
1994, 105 Seiten mit 52 Abbildungen. 88,– DM

198 **Eine objektorientierte Architektur für Leitstände zur Feinplanung**
Von Thomas Otterbein ISBN 3-540-58273-8.
1994, 183 Seiten mit 90 Abbildungen. 88,– DM

199 **Erhöhung der Fertigungssicherheit und -qualität beim Hochdruckwasserstrahlen durch den Einsatz von Sensoren**
Von Michael Knaupp ISBN 3-540-58440-4.
1994, 117 Seiten mit 101 Abbildungen. 88,– DM

200 **Verfahren zur Bewertung von Auftrags-Durchlaufzeiten in den indirekt-produktiven Bereichen von Maschinenbau-Unternehmen**
Von Robert Müller ISBN 3-540-58478-1.
1994, 152 Seiten mit 32 Abbildungen. 88,– DM

201 **Verfahrensprüfstand für das Bearbeiten mit Industrierobotern**
Von Peter Schlaich ISBN 3-540-58510-9.
1994, 114 Seiten mit 60 Abbildungen. 88,– DM

202 **Entwicklung und Optimierung von Prozeßkomponenten zur ionenunterstützten Abscheidung bei PVD-Verfahren**
Von Walter Olbrich ISBN 3-540-58511-7.
1994, 126 Seiten mit 62 Abbildungen und 7 Tabellen. 88,– DM

203 **Verfahren der Konturanalyse zur Automatisierung visueller Prüfvorgänge**
Von Knut Kille ISBN 3-540-58513-3.
1994, 105 Seiten mit 50 Abbildungen und 15 Tabellen. 88,– DM

204 **Verfahren zur Verbesserung der Ausfallsicherheit verteilter Informationssysteme**
Von Helmut Meitner ISBN 3-540-58623-7.
1995, 196 Seiten mit 54 Abbildungen und 13 Tabellen. 88,– DM

205 **Ein unscharfes Planungsverfahren zur mittelfristigen Personalkapazitätsanpassung für die bedarfsorientierte Serienproduktion**
Von Hans-Jürgen Braun ISBN 3-540-58819-1.
1995, 164 Seiten mit 40 Abbildungen und 10 Tabellen. 88,– DM

206 **Rechnergestützte Auslegungsverfahren für Großmanipulatoren mit Gelenkarmkinematik**
Von Werner Engeln ISBN 3-540-58871-X.
1995, 135 Seiten mit 52 Abbildungen und 18 Tabellen. 88,– DM

207 **Montagestrukturplanung für variantenreiche Serienprodukte**
Von Ulrich Zeile ISBN 3-540-58937-6.
1995, 122 Seiten mit 65 Abbildungen. 88,– DM

208 **Entwicklung eines objektorientierten Informationssystems zur optimierten Werkstoffauswahl**
Von Dietmar R. Fischer ISBN 3-540-58938-4.
1995, 193 Seiten mit 37 Abbildungen und 14 Tabellen. 88,– DM

209 **Entwicklung einer flexibel automatisierten Nähanlage**
Von Oliver Krockenberger ISBN 3-540-58939-2.
1995, 122 Seiten mit 75 Abbildungen. 88,– DM

210 **Ultraschallbahnschweißen von Kunststoffteilen mit Industrierobotern**
Von Thomas Wagner ISBN 3-540-58940-6.
1995, 93 Seiten mit 37 Abbildungen. 88,– DM

211 **Flexibel automatisierte Montage hochpoliger Rundkabel**
Von Ralf Cramer ISBN 3-540-58979-1.
1995, 116 Seiten mit 59 Abbildungen. 88,– DM

212 **Automatische Reparatur elektronischer Baugruppen**
Von Thomas Leicht ISBN 3-540-59015-3.
1995, 99 Seiten mit 46 Abbildungen. 88,– DM

213 **Montage von Schlauchschellen mit Industrierobotern**
Von Herbert Dreher ISBN 3-540-59035-8.
1995, 103 Seiten mit 63 Abbildungen. 88,– DM

214 **Arbeitsprogrammgenerierung zum Schutzgasschweißen mit Industrierobotersystemen im Schiffbau**
Von Peter Schmid ISBN 3-540-59058-7.
1995, 131 Seiten mit 42 Abbildungen. 88,– DM

215 **Flexible Demontage mit dem Industrieroboter am Beispiel von Fernsprech-Endgeräten**
Von Martin Kahmeyer ISBN 3-540-59390-X.
1995, 99 Seiten mit 52 Abbildungen. 88,– DM

216 **Der logisch-pragmatische Gebrauch von Konditionalsätzen. Eine dialog-logische Analyse**
Von Antonius Jacobus Maria van Hoof ISBN 3-540-59463-9.
1995, 146 Seiten mit 65 Abbildungen. 88,– DM

217 **Arbeits- und organisationspsychologische Interventionen bei der Einführung von Gruppenarbeit in dezentral ausgerichteten Fertigungsinseln**
Von Manfred Schlund ISBN 3-540-60012-4.
1995, 426 Seiten mit 24 Abbildungen und 29 Tabellen. 88,– DM

218 **Herstellung geformter Schläuche mit Formdornen aus Formgedächtnislegierung**
Von Thomas Weisener ISBN 3-540-60019-1.
1995, 88 Seiten mit 48 Abbildungen. 88,– DM

219 **Benutzerwerkzeuge an Fertigungssteuerungs-Leitständen**
Von Manfred Kroneberg ISBN 3-540-60096-5.
1995, 154 Seiten mit 84 Abbildungen. 88,– DM

220 **Werkstattsteuerung mit genetischen Algorithmen und simulativer Bewertung**
Von Jörg Schulte ISBN 3-540-60281-X.
1995, 163 Seiten mit 55 Abbildungen und 7 Tabellen. 88,– DM

221 **Ein Verfahren zur automatischen Generierung von softwareergonomisch gestalteten Benutzungsoberflächen**
Von Anette Weisbecker ISBN 3-540-60242-9.
1995, 140 Seiten mit 38 Abbildungen und 48 Tabellen. 88,– DM

222 **Verfahren zur Reduzierung der Hand-Arm-Schwingungsbelastung an Trennschleifern**
Von Rainer Eckert ISBN 3-540-60282-8.
1995, 187 Seiten mit 80 Abbildungen und 23 Tabellen. 88,– DM

223 **Individualisierbare heuristische Einplanung für rechnerbasierte Leitstände**
Von Andreas Huthmann ISBN 3-540-60424-3.
1995, 137 Seiten mit 74 Abbildungen. 88,– DM

224 **Recycling von Wasserlackoverspray durch Elektrophorese**
Von Klaus Berewinkel ISBN 3-540-60519-3.
1996, 177 Seiten mit 75 Abbildungen. 88,– DM

225 **Wissensbasierte Programmierung von Industrierobotern zum Schutzgasschweißen im Stahlhochbau**
Von Christoph Hartfuss ISBN 3-540-60661-0.
1996, 123 Seiten mit 48 Abbildungen. 88,– DM

226 **Verfahren zur Gestaltung rechnergestützter Büroprozesse**
Von Michael Rathgeb ISBN 3-540-60660-2.
1996, 278 Seiten mit 69 Abbildungen. 88,– DM

227 **Dialogentwicklung für objektorientierte, graphische Benutzungsschnittstellen**
Von Christian Janssen ISBN 3-540-60719-6.
1996, 154 Seiten mit 70 Abbildungen und 4 Tabellen. 88,– DM

228 **Bewertung und Verbesserung der fertigungsgerechten Gestaltung von Blechwerkstücken**
Von Ulrich Abele ISBN 3-540-61019-7.
1996, 184 Seiten mit 72 Abbildungen. 88,– DM

229 **Merkmalsbasierte Definition von Freiformgeometrien auf der Basis räumlicher Punktwolken**
Von Sabine Roth-Koch ISBN 3-540-61020-0.
1996, 145 Seiten mit 68 Abbildungen. 88,– DM

230 **Fokussierung im Dialog: Aspekte der Fokusintonation im Deutschen**
Von Joachim Machate ISBN 3-540-61165-7.
1996, 155 Seiten mit 22 Abbildungen und 22 Tabellen. 88,– DM

231 **Qualitätsgerechte Auslegung flexibler Produktionssysteme mit Hilfe von Simulation**
Von Egbert Englert ISBN 3-540-61277-7.
1996, 126 Seiten mit 60 Abbildungen. 88,– DM

232 **Projektierungsverfahren für technische Software dargestellt an wissensbasierten Systemen**
Von Eberhard Kurz ISBN 3-540-61426-5.
1996, 129 Seiten mit 57 Abbildungen. 88,– DM

233 **Typologie zur systematischen Gestaltung der Arbeitsorganisation für Flexible Fertigungssysteme**
Von Sabine Stephan ISBN 3-540-61465-6.
1996, 186 Seiten mit 39 Abbildungen und 63 Tabellen. 88,– DM

234 **Entwicklung eines Werkzeuges zum Störungsmanagement in der Produktionsregelung**
Von Rainer Bamberger ISBN 3-540-61515-6.
1996, 157 Seiten mit 92 Abbildungen. 88,– DM

235 **Ein Verfahren zur automatischen Generierung von Steuerprogrammen für Roboterfahrzeuge**
Von Joachim Müllerschön ISBN 3-540-61514-8.
1996, 140 Seiten mit 79 Abbildungen. 88,– DM

236 **Automatische Kalibrierung der koppelnden Ortung mobiler Plattformen**
Von Achim Merklinger ISBN 3-540-61632-2.
1996, 106 Seiten mit 36 Abbildungen und 25 Tabellen. 88,– DM

237 **Händigkeitsgerechte Gestaltung der Mensch-Maschine-Schnittstelle**
Von Martin Schmauder ISBN 3-540-61657-8.
1996, 141 Seiten mit 44 Abbildungen und 9 Tabellen. 88,– DM

238 **Ein simulationsgestütztes Verfahren zur Wirtschaftlichkeitsbestimmung von Fertigungsprozessen mit Stückgutcharakter**
Von Erhard Vollmer ISBN 3-540-62408-2.
1996, 111 Seiten mit 10 Abbildungen und 22 Tabellen. 88,– DM

239 **Ein Verfahren zur reportbasierten Diagnose von technischen Maschinenstörungen in der Instandhaltung**
Von Walter Wincheringer ISBN 3-540-62410-4.
1996, 169 Seiten mit 61 Abbildungen. 88,– DM

240 **Eine Vorgehensweise zum objektorientierten Entwurf graphisch-interaktiver Informationssysteme**
Von Jürgen Ziegler ISBN 3-540-62547-X.
1997, 146 Seiten mit 36 Abbildungen und 20 Tabellen. 88,– DM

241 **Zur Fehlerkompensation und Bahnkorrektur für eine mobile Großmanipulator-Anwendung**
Von Klaus Dieter Rupp ISBN 3-540-62625-5.
1997, 140 Seiten mit 48 Abbildungen und 17 Tabellen. 88,– DM

242 **Entwicklung eines QFD-gestützten Verfahrens zur Produktplanung und -entwicklung für kleine und mittlere Unternehmen**
Von Jürgen Hoffmann ISBN 3-540-62638-7.
1997, 158 Seiten mit 89 Abbildungen. 88,– DM

243 **Ein Verfahren zur flexiblen Fertigungsführung eines Fertigungssystems für Kleinserien mit unterschiedlich autonomen Arbeitsstationen**
Von Rainer Kämpf ISBN 3-540-62653-0.
1997, 174 Seiten mit 68 Abbildungen. 88,– DM

244 **Flexibel automatisiertes Taumelnieten**
Von Wolf-Dietrich Schneider ISBN 3-540-62654-9.
1997, 88 Seiten mit 43 Abbildungen. 88,– DM

245 **Verfahren zur Erkennung unfallträchtiger Verkantungsfälle bei handgeführten Trennschleifern**
Von Christoph Bolay ISBN 3-540-62767-7.
1997, 170 Seiten mit 71 Abbildungen. 88,– DM

246 **Rechnergestütztes Sourcingsystem für spanende Fertigungskapazitäten klein- und mittelständischer Unternehmen**
Von Jürgen Funk ISBN 3-540-62815-0.
1997, 106 Seiten mit 63 Abbildungen. 88,– DM

247 **Bahnlöten von Blechgehäusen mit Industrierobotern**
Von Manfred Gaul ISBN 3-540-63064-3.
1997, 114 Seiten mit 52 Abbildungen. 88,– DM

248 **Ein Verfahren zur Optimierung der Kraftwerksrevisionsplanung und -durchführung**
Von Siegfried Stender ISBN 3-540-63168-2.
1997, 160 Seiten mit 36 Abbildungen. 88,– DM

249 **Ein Verfahren zur Analyse von Problemen der Ressourcenabstimmung auf Basis synergetischer Mustererkennung**
Von Stefan König ISBN 3-540-63226-3.
1997, 136 Seiten mit 43 Abbildungen. 88,– DM

250 **Ein objektorientiertes Modell zur Abbildung von Produktionsverbünden in Planungssystemen**
Von Hans-Peter Laubscher ISBN 3-540-63295-6.
1997, 158 Seiten mit 98 Abbildungen. 88,– DM

251 **Regelmechanismen für die Formsicherung im Automobilbau**
Von Franz Eberle ISBN 3-540-63325-1.
1997, 122 Seiten mit 53 Abbildungen und 22 Tabellen. 88,– DM

252 **Entwicklung von Datenmodellen für ein objektorientiertes Engineering Data Management System zur Unterstützung von teamorientierten Organisationsformen**
Von Frank Marcial ISBN 3-540-63340-5.
1997, 216 Seiten mit 76 Abbildungen und 26 Tabellen. 88,– DM

253 **Verfahren zur Konzeption automatischer reinraumtauglicher Fertigungsanlagen und -zellen**
Von Ralf Kaun ISBN 3-540-63447-9.
1997, 160 Seiten mit 88 Abbildungen. 88,– DM

254 **Ein Planungsverfahren zur Kapazitätsabstimmung für Modell-Mix-Montagelinien am Beispiel einer Automobil-Endmontage**
Von Norbert Leopold ISBN 3-540-63520-3.
1997, 130 Seiten mit 35 Abbildungen. 88,– DM

255 **Fertigung von Mischlosen in der Mikroelektronik auf der Basis eines Verfahrens zur Verfolgung von Einzelscheiben**
Von Olaf Herzog ISBN 3-540-63563-7.
1997, 124 Seiten mit 59 Abbildungen. 88,– DM

256 **Einsatz neuer Mensch-Maschine-Schnittstellen für Robotersimulation und -programmierung**
Von Jens-Günter Neugebauer ISBN 3-540-63568-8.
1997, 110 Seiten mit 48 Abbildungen. 88,– DM

257 **Entwicklung eines Systems zur virtuellen ergonomischen Arbeitsgestaltung**
Von Wilhelm H. Bauer ISBN 3-540-63707-9.
1997, 160 Seiten mit 77 Abbildungen und 13 Tabellen. 88,– DM

258 **Controlling eines projektorientierten Prozeßmanagements am Beispiel des Anlagenbaus**
Von Thomas Jörg Staiger ISBN 3-540-64082-7.
1998, 214 Seiten mit 106 Abbildungen und 11 Tabellen. 88,– DM

259 **Flexible Formprüfung umgeformter Blechteile**
Von Berend Oberdorfer ISBN 3-540-64121-1.
1998, 148 Seiten mit 69 Abbildungen. 88,– DM

260 **Effiziente Produktplanung mit Quality Function Deployment**
Von Christoph Mai ISBN 3-540-64145-9.
1998, 124 Seiten mit 57 Abbildungen. 88,– DM

261 **Einsatz der digitalen Grautonbildverarbeitung als ein Meßprinzip in der Lackiertechnik**
Von Sabine Renate Plischki ISBN 3-540-64270-6.
1998, 136 Seiten mit 67 Abbildungen und 9 Tabellen. 88,– DM

262 **Dynamische Zielfindung für das Total Quality Management**
Von Andreas Robeck ISBN 3-540-64271-4.
1998, 132 Seiten mit 61 Abbildungen. 88,– DM

263 **Methoden zur Planung zeit- und kostenoptimaler Produktion und Lagerhaltung**
Anwendung der Theorie optimaler Prozesse
Von Joachim Warschat ISBN 3-540-64272-2.
1998, 252 Seiten mit 61 Abbildungen. 88,– DM

264 **3D-Echtzeit-Rendering unter Berücksichtigung der Anatomie und Physiologie des menschlichen Auges**
Von Oliver H. Riedel ISBN 3-540-64273-0.
1998, 192 Seiten mit 54 Abbildungen und 26 Tabellen. 88,– DM

265 **Optische in situ Meßtechniken bei der Entwicklung und Anwendung von plasmaunterstützten Oberflächentechniken für räumlich ausgedehnte und komplexe Geometrien**
Von Peter Stratil ISBN 3-540-64400-8.
1998, 148 Seiten mit 96 Abbildungen und 14 Tabellen. 88,– DM

266 **Mit Industrierobotern flexibel automatisierte Montage von Türabdichtungen für Kraftfahrzeuge**
Von Gerald Vögele ISBN 3-540-64512-8.
1998, 92 Seiten mit 50 Abbildungen. 88,– DM

267 **Verfahren zur Gestaltung von Dienstleistungsunternehmen in einem Konfigurationsansatz**
Von Alexander W. Roos ISBN 3-540-64566-7.
1998, 260 Seiten mit 93 Abbildungen. 88,– DM

268 **Die Kombination von Plasmanitrierung und plasmagestützter Schichtabscheidung aus der Gasphase (PACVD) in einem Verfahrensablauf**
Von Oliver Morlok ISBN 3-540-64567-5.
1998, 134 Seiten mit 55 Abbildungen und 10 Tabellen. 88,– DM

269 **Verfahren zur Generierung und Gestaltung von Montageablaufstrukturen komplexer Serienerzeugnisse**
Von Uwe A. Seidel ISBN 3-540-64687-6.
1998, 142 Seiten mit 49 Abbildungen. 88,– DM

270 **Flexibel automatisierte Montage von Holzdübeln mit Industrierobotern**
Von Thomas Hörz ISBN 3-540-64788-0.
1998, 122 Seiten mit 61 Abbildungen. 88,– DM

271 **Flexibel automatisierte Demontage von Fahrzeugdächern**
Von Reinhard Rupprecht ISBN 3-540-64969-7.
1998, 108 Seiten mit 46 Abbildungen und 2 Tabellen. 88,– DM

272 **Berechnung charakteristischer Spritzbild- und Qualitätsmerkmale beim Lackieren - Einsatz neuronaler Netze -**
Von Pavel Svejda ISBN 3-540-65038-5.
1998, 152 Seiten mit 62 Abbildungen und 29 Tabellen. 88,– DM

273 **Entwicklung eines Systems zur interaktiven Gestaltung und Auswertung von manuellen Montagetätigkeiten in der virtuellen Realität**
Von Rainer Heger ISBN 3-540-65039-3.
1998, 158 Seiten mit 64 Abbildungen und 6 Tabellen. 88,– DM

274 **Ein Verfahren zur integrierten, prozeßbegleitenden Vorkalkulation für die kostengerechte Konstruktion**
Von Joachim Th. Frech ISBN 3-540-65050-4.
1998, 154 Seiten mit 64 Abbildungen und 23 Tabellen. 88,– DM

275 **Grundlagenuntersuchungen und Weiterentwicklung der automatischen Farbwechseltechnik für Wasserlacke**
Von Hans-Jürgen Nolte ISBN 3-540-65146-2.
1998, 128 Seiten mit 70 Abbildungen und 10 Tabellen. 88,– DM

276 **Formleitlinien für die Flächenrückführung - Extraktion von Kanten und Radiusauslauflinien aus unstrukturierten 3D-Meßpunktmengen**
Von Ralph Peter Knorpp ISBN 3-540-65161-6.
1998, 134 Seiten mit 57 Abbildungen und 5 Tabellen. 88,– DM

277 **Erfassen und Verarbeiten komplexer Geometrie in Meßtechnik und Flächenrückführung**
Von Thomas Haller ISBN 3-540-65147-0.
1998, 175 Seiten mit 50 Abbildungen und 10 Tabellen. 88,– DM

278 **Reaktive Abscheidung von Metalloxiden auf Polycarbonat zur Erzeugung transparenter Verschleißschutzschichten**
Von Patrick Markschläger ISBN 3-540-65502-6.
1998, 164 Seiten mit 85 Abbildungen und 13 Tabellen. 88,– DM

279 **Adaptive Personaleinsatzsteuerung in homogenen Arbeitsgruppen bei sequentieller Auftragsstruktur**
Von Manfred Hüser ISBN 3-540-65505-0.
1998, 144 Seiten mit 53 Abbildungen. 88,– DM

280 **Meßeinrichtung zur direkten Unterscheidung von luftgetragenen biotischen und abiotischen Partikeln**
Von Rüdiger Kölblin ISBN 3-540-65526-3.
1999, 104 Seiten mit 57 Abbildungen. 88,– DM

281 **Untersuchungen von Reinheitssystemen zur Herstellung von Halbleiterprodukten**
Von Jochen Schließer ISBN 3-540-65560-3.
1999, 124 Seiten mit 64 Abbildungen. 88,– DM

282 **Prüfverfahren zur Untersuchung der Partikelkontamination von Reinstgasversorgungskomponenten**
Von Johann Dorner ISBN 3-540-65562-X.
1999, 114 Seiten mit 79 Abbildungen. 88,– DM